王珂　蒋立红　宋中南　等编著

室内空气净化植物墙的
设计、施工、维护与案例解析

U0240791

机械工业出版社

CHINA MACHINE PRESS

室内空气净化植物墙是立体绿化的重要形式之一，兼具美观性和生态功能，对于提升人居环境大有裨益。其设计、施工、维护具有一定的特殊性及难度，本书对室内空气净化植物墙的空气净化能力进行了评测，阐述了室内空气净化植物墙在空气净化、环境改善方面的功能及效果。同时，对室内空气净化植物墙的代表性案例进行解析，详细介绍其设计方法、所选材料、施工工艺、维护流程等内容。本书适合立体绿化从业者、设计师以及对立体绿化感兴趣的人士使用。

图书在版编目（CIP）数据

室内空气净化植物墙的设计、施工、维护与案例解析 / 王珂等编著.
—北京：机械工业出版社，2017.10（2019.1重印）
ISBN 978-7-111-57973-1

Ⅰ.①室… Ⅱ.①王… Ⅲ.①植物—应用—墙面装修—室内装饰设计—案例 Ⅳ.①TU767

中国版本图书馆CIP数据核字（2017）第219986号

机械工业出版社（北京市百万庄大街22号　邮政编码100037）
策划编辑：宋晓磊　责任编辑：宋晓磊　邓　川
责任校对：陈美蓉　封面设计：鞠　杨
责任印制：常天培
北京联兴盛业印刷股份有限公司印刷
2019年1月第1版第2次印刷
184mm×260mm·14.25印张·212千字
标准书号：ISBN 978-7-111-57973-1
定价：69.00元

序

建筑绿化是解决城市与建筑环境问题的主要手段之一。随着我国城镇化的快速发展，城市内自然资源被越来越多的建筑、广场、道路和其他硬质设施所取代，绿化面积急剧下降，城市热岛效应愈演愈烈，自然环境受到了极大影响。更多的人渴望回归自然，渴望自然景观，渴望在建筑的室内外见到绿色，能更多地置身于大自然的绿色怀抱中。顺应时代需求，建筑绿化作为人类活动空间的功能扩展，可以增加城市绿地率，改善人居环境质量，值得各界人士给予关注。建筑绿化切合绿色建筑的基本理念，满足《绿色建筑评价标准》（GB/T 50378—2014）中节能、节地、节水，以及改善环境质量的要求，值得作为绿色建筑技术推广实施。

王珂的著作针对植物墙体，从植物性能、构造方法、控制原理、净化效果到施工案例，从不同角度，全面地进行了阐述。该书最大的特点是以实际案例为基础，作者毫无保留地介绍了植物墙的设计方法、施工选材、维护流程等方面的技术和经验，完全可以作为一本教科书和工具书，最大限度地满足立体绿化从业者、设计师以及初学者的需求。从事建筑领域多年，我了解过不少关于植物墙的理念和作品，但以室内植物墙空气净化和案例详解为主题的论著还鲜有耳闻。这也是我拿到书稿后第一时间就认真读完的重要原因。该书画面碧而天然，内容清而浓郁，方法细而可操，案例实而丰韵。相信打开这本书，无论是希望加强创作素养的建筑师、追求卓越的园林规划师，还是探索新型工法工艺的建筑施工人员，甚至喜欢种植花花草草的大众读者，都会产生浓厚的阅读兴趣。

王珂是从事建筑立体绿化研究的专才，我国关于植物墙的国家级施工工法就是他编写的，他还率先定量研究了植物墙的空气净化效果，正因作者在此领域多年的研究与积累，才得以深入浅出地明晰室内植物墙在空气净化、环境改善方面的功能及效果。

十年磨一剑，一朝试锋芒，在作者及其团队多年研究成果凝聚成的著作《室内空气净化植物墙的设计、施工、维护与案例解析》出版之际，谨表祝贺，以为序。

中国工程院院士 刘加平

2017 年 8 月于西安

前 言

数万年前，靠狩猎采集为生的智人学会了种植植物，从此人类从众多物种中脱颖而出，掀开了辉煌的历史篇章。

我们将科学作为武器，给这颗蓝色的星球留下了深深的烙印。我们自认为成了自然的"主宰"，事实上却与自然渐行渐远。我们生活在"水泥丛林"中，被无机材料所包裹，陷入消费主义的旋涡而不能自拔。流淌在我们血液之中的原始本能呼唤着更多的"绿色"。是时候进行"绿色革命"了，让我们的生活回归自然吧！

本书作者就职于中国建筑工程总公司，致力于生态环境的改善，提出了利用立体绿化打造建筑"生态空间"的设计理念；在生态修复领域进行了长期的研发与推广，发布了关于植物墙的国家级施工工法，定量研究了植物墙的空气净化效果。希望通过本书提供一种利用自然手段改造生活环境的理念与方法。

本书是众多立体绿化专家经验与智慧的凝聚，特别感谢蒋立红、宋中南两位领导在作者研发推广过程中的帮助和指导。各章节参与编写者如下。

第1章：王珂、蒋立红、宋中南、宋广生、胡鹏；第2章：王珂、路娇娇；第3章：王珂、高函宇；第4章：王珂、班新竹、邹苏云、葛振江、高函宇；第5章：王珂、张涛、张鹏、吴锦华、温庚金、刘贵宾、杜铭健、郭志强、华成谋、林昂昂、韩欢；第6章：王珂、李志聪、郭志强。

为了让读者更清楚地了解立体绿化，本书适当引用了国内外学者公开发表的少量图片，图片版权归属原作者所有。立体绿化使我们重新被自然所环抱，它也许不是治愈地球创伤的灵丹，但却是迈向正确道路的一丝努力！

编著者

第 1 章

概　述

1.1
墙体绿化发展概述

20 世纪是世界城市化进程迅猛发展的时代。随着全球经济的迅速发展，越来越多的人口向城市集中，城市人口在 20 世纪初为 13.6%，20 世纪中叶发展到 28.2%，进入 21 世纪后，全球人口总数的一半以上集中在城市，经济发达国家城市人口比例超过 70%。

伴随着城市人口的急剧增加、城市建设用地规模的不断扩大，钢筋混凝土疯狂地吞噬了城市中的绿色空间，城市可用绿地面积日益减少，自然环境逐渐被城市发展所边缘化。人们的生活、工作愈加集中在越来越高的建筑中，逐渐远离自然、远离绿色。城市化的高速增长使生态压力日益加剧，产生了一系列严重的生态和环境问题，诸如大气污染、热岛效应（图 1-1）等已成为备受关注的城市环境问题。

图 1-1　热岛效应示意图

根据联合国环境规划署的研究结果，良好的城市生态圈应建立在城市居民人均绿地面积超过 $60m^2$ 的基础上。因此，绿化是解决现阶段城市"综合病"的良好手段，但可用绿化面积随着城市的扩张不断减少，势在必行的方法是在保持现有绿地的基础上，将绿化由平面向立体扩展，在城市土地资源有限的条件下，进行立体绿化。

建筑立体绿化指在建筑上进行的绿化，用建筑的语言来说，就是用植物这种装饰材料对建筑的表面进行装饰，包括人们熟悉的屋顶绿化以及墙体绿化等（图1-2）。近些年，立体绿化技术得到了很好的推广和普及，我国的城市建设者们也从上海世博会开始，愈发重视这一不占地面面积的城市绿化方式。

墙体绿化是立体绿化的一种方式，是指利用植被装饰材料在建筑墙体上进行的垂

图1-2　建筑立体绿化设计效果图

图1-3　墙体绿化

直方向的绿化（图1-3）。与传统的平面绿化相比，墙体绿化有更大的空间，让"混凝土森林"变成真正的绿色天然森林，是人们在绿化概念上从二维空间向三维空间的一次飞跃，将会成为未来建筑发展的新趋势。

墙体绿化能够营造生机盎然的绿色墙面，不仅不占地面面积，而且能美化环境、减少噪声、净化空气、维持碳氧平衡、调节建筑小环境温度与湿度、降低建筑空调使用量从而降低建筑能耗。另外，墙体绿化与平面绿化一样，有一定的蓄水功能，可以减缓全部雨水排入城市地下雨污水管道的问题，缓解短时间内由于暴雨而造成的下水道堵塞和排水系统瘫痪的问题，减轻城市排水系统的压力；同时还能起到净化雨水水质的作用，留存下来的水可以通过蒸发或者蒸腾作用，直接进入自然水循环系统。由此可见，墙体绿化对于改善城市生态环境，推进"海绵城市建设"与"生态文明建设"，具有重要的意义，已成为全世界"绿色运动"的一部分。

1.1.1　国外发展概述

公元前3500年在埃及出现了用葡萄藤装饰的墙壁，开启了墙体绿化的先河。随后，在公元前17世纪的克里特岛，希腊人用绿色植物编成篱笆铸成了一座绿色的迷宫。

具有现代意义的墙体绿化因技术含量高、成本高等原因，发展历程只有几十年的时间。在20世纪80年代，法国植物学家帕特里克·布兰克提出了把景观设计与立体绿化相结合的环保理念，并于 1986 年制作了世界上第一面室内植物墙（图 1-4），5 年以后又制作了世界上第一面室外植物墙。从此墙体绿化进入了一个崭新的阶段。

近几十年，墙体绿化在世界各国纷纷出现，并得到重视，特别是新加坡、日本、德国、荷兰、匈牙利等国家对墙体绿化技术进行了较为深入的研究。从墙体绿化的设计理念上来看，国外更加注重绿色空间布局、功能状态和绿色空间的可持续性等因素。许多国家规定，城市不允许建砖墙、水泥墙，必须营造"生态墙"，具体做法是沿墙面等距离植树，中间栽植藤本植物，亦可辅以铁艺网，这样省工、省料、实用，既达到了墙体绿化效果，又起到透绿的作用。其中以法式植物墙较为突出，法式植物墙采用以帕特里克·布兰克为代表的墙体绿化技术，集无土栽培、微滴灌、自动化操控等于一体，这种植物墙具有质

图 1-4　帕特里克·布兰克制作的植物墙

量轻、适用性广、易替换、非寒冷地区四季常绿等特点，植物的多样性可以满足不同顾客群的需求，实现独特的"生态修建"。2004 年，法国生态学家、植物艺术家帕特里克·布兰克为凯布朗利博物馆设计的面积为 800m² 的植物墙（图 1-5）成为墙体绿化的标志性工程。

《城市绿化技术集》一书对墙体绿化的技术作了详细说明，该书作者近藤三雄先

生指出，城市环境的改善已经成为解决环境问题的突破口，新型环境技术市场已经形成，在众多环境技术中，绿色环境能给人以安定舒适之感，墙体绿化以一种新型的环境技术走上生态环保的舞台。2005 年日本爱知世博会上，举办方展示了长 150m、高 12m 的"生命之墙"（图 1-6），其汇集了当时最新的墙体绿化技术，进一步把墙体绿化技术展示给世人。

图 1-5　凯布朗利博物馆植物墙

图 1-6　日本爱知世博会"生命之墙"

1.1.2　国内发展概述

　　我国有关墙体绿化的历史记载出现较早，春秋时期吴王夫差建造苏州城墙时，就利用藤本植物进行了墙体绿化。而现代墙体绿化在我国的发展不过十多年时间，其真正兴起是从 2010 年上海世博会开始的，展会大量展示了国内外墙体绿化案例（图 1-7），是墙体绿化技术在我国发展的一次飞跃。

　　上海世博会主题馆植物墙（图 1-8）单体长 180m、高 26.3m，总面积达 5000m^2，为当时世界上最大的生态绿化墙面，具有移动灵活、组合便捷、快速成景等优点。

图 1-7　上海世博会法国馆
植物墙

图 1-8　上海世博会主题馆
植物墙

墙体绿化作为一项历史悠久的技术，经过几十年的技术再造，逐渐显示出它的无穷魅力。尽管如此，该技术目前仍未能大规模地推广应用，归结起来，主要有如下六个原因：

1. 建造和维护成本较高

上海世博会的资料显示，采用新技术的主题馆墙体绿化成本在 1000 元 / m^2 左右，如果再加上技术开发费用、承建方应得的利润及后期养护费用，其综合成本应该要翻番，而国外一些公司提供的参考报价更是达到了这个水平的 3 ~ 4 倍。高昂的建设和维护成本阻碍了该技术的推广应用。

2. 稳定性、持久性较差

墙体绿化与平面绿化不同，墙面具有生长基质有限、水热条件差、植物生长朝向不同的特点，因而导致墙体绿化难以维护，稳定性、持久性较差（图 1-9）。

3. 重应用、轻研究，缺乏新技术

目前，墙体绿化有多种方式，技术发展迅速、产品种类繁多。但相对应用上的发展，针对墙体绿化对环境影响的研究，特别是基础研究则寥寥无几，这也使现代墙体绿化技术在营造近自然环境上显得力不从心。

图 1-9　墙体绿化失败案例

4. 不属于建筑设计的范畴

目前的建筑设计很少考虑墙体绿化，墙体绿化也仅仅是景观设计上的一个特类。当建筑物建成后再进行墙体绿化设计，易造成各种先天不足或重复建设，浪费人力物力。

5. 市场混乱

目前墙体绿化在我国仍处于发展阶段，市场还不够成熟，缺少监管和引导。市场上的墙体绿化公司管理、技术水平参差不齐，为了争取项目，常常采取偷工减料、低价竞争等恶性行为，导致行业市场混乱，服务水平低下。

6. 缺少政策扶持、引导

近几年，墙体绿化在我国快速发展，相关技术水平不断提高，但推广范围局限于几个大城市中，缺少相关政策的扶持，行业标准、规范技术指导性较低，适用范围有限，未能与时俱进，不能起到对行业发展的引导作用，严重制约了墙体绿化技术的推广和发展。

1.1.3　国内外立体绿化发展比较

国外的立体绿化，呈多元化、规模化、体制化向前发展。国内的立体绿化，以局部地区为先导，带头示范引领发展。通过对国内外立体绿化的对比分析，得出以下结论：

法律法规不同。国外的立体绿化有相关的政策及法律作支撑，而我国只有少部分政策鼓励。在国外，很多国家对立体绿化有一定的法律约束，在政策上进行扶持并形成了体系，如德国、日本和美国。而我国实施立体绿化的范围还比较小，只有几个城市在尝试立体绿化。

技术与资金投入不同。立体绿化在国外已经有多年历史，并有正规的法制及高端的技术支持，因此以立体绿化这种方式来改善城市的环境、创造独特的园林景观已经相对成熟。而我国的立体绿化起步较晚，实施的范围还很有限，很多城市还没有深入地认识到其深远价值。立体绿化涉及植物、构筑物的养护等一系列技术问题，我国在此方面面临很大的难题，需要攻破。因此，在技术的完善及资金的投入等方面，我国还有一定差距。

墙体绿化是一项能深刻影响人类生活环境的新技术，给人居环境建设和城市发展带来了全新的视野和挑战。为此，针对目前我国墙体绿化技术存在的问题，提出如下对策：

1. 加大投入，积极开展墙体绿化技术研究

建议政府、高校、科研院所等部门加大人力、物力的投入，积极开展基础理论和应用技术研究，争取墙体绿化技术有较大的突破。

2. 把墙体绿化列入建筑设计的范畴

把建筑物结构设计与墙体绿化设计结合起来，形成一体化的生态墙体，避免墙体绿化带来的二次施工或重复建设。这样可有效地降低建造维护成本，提高墙体绿化效果，营造"天人合一"的宜居环境。

3. 制定墙体绿化规范，鼓励和补助实施墙体绿化

毫无疑问，墙体绿化是改善城市生态环境的重要途径，为此，有必要完善墙体绿化的技术体系，形成技术规范和标准。完备的技术规范体系有助于引导政府部门出台相关配套的补贴扶持措施，加大墙体绿化技术的推广应用。

4. 加强国际交流，共同推广墙体绿化技术

美国、加拿大、日本及欧洲一些发达国家的墙体绿化技术目前处于领先地位，发展中国家的墙体绿化技术较落后。因此，在各国合力应对全球气候变化的大背景下，需要各国加强国际交流，将日臻完善的技术体系转化为全球应对气候变化的动力。

5. 规范市场行为，加大监管力度

政府部门、行业协会等相关团体应出台墙体绿化市场、价格标准，规范企业市场行为，对于恶性竞争行为应进行监管，确保立体绿化行业良性发展。

室内环境污染及治理现状

　　人的一生平均 80% 以上的时间在室内度过，室内环境的质量直接影响人体的健康，创造一个舒适的生存空间至关重要。出于节约能源的考虑，现代建筑物的气密性大大提高，由此带来室内通风率不足，致使室内空气污染事件频频发生。20 世纪 70 年代后期一些西方国家提出了室内空气质量（IAQ）的概念。

　　室内空气污染是指由于室内引入能释放有害物质的污染源或室内环境通风不佳而造成的室内空气中有害物质数量和种类的不断增加，导致人们出现头痛、干咳、皮肤干燥发痒、头晕恶心、注意力难以集中和对气味敏感等一系列不适症状的现象。这种"病态建筑综合征"在很多国家都有发生，各发达国家在这方面都有着惨痛的教训。据世界卫生组织（WHO）报告显示，全球近一半的人处于室内空气污染中。这使得人们开始深入研究和探讨室内空气质量对人类健康的影响，以及污染物及其来源的有效解决途径。室内空气污染已经成为继煤烟型污染和光化学污染之后的第三大污染类型（图 1-10）。

　　我国在 20 世纪

图 1-10　室内空气污染给人带来不适症状

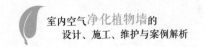
80 年代以前，室内空气污染物主要是燃煤所产生的二氧化碳、一氧化碳、二氧化硫、氮氧化物；20 世纪 90 年代初期，主要是室内吸烟、燃煤、烹调以及人体呼出的二氧化碳等 149 种有害物质对室内空气造成的污染。随着住宅改革和人们生活水平的提高，特别是建材业的高速发展、装修热的兴起，由装饰材料所造成的污染成为室内空气污染的主要来源。尤其是空调的普遍使用，使得室内空气污染的成分更加复杂，室内甲醛、苯系物、氨气、臭氧和氡等污染物的浓度水平远远高于室外（图 1-11）。

家具　　　　　　装修材料　　　　　　燃料燃烧

吸烟　　　　　　烹饪

图 1-11　室内空气
污染主要来源

1.2.1　室内空气污染物及来源

室内空气污染包括物理性污染、化学性污染和生物性污染。物理性污染是指因物理性因素，如电磁辐射以及不合适的温度、湿度、风速和照明等引起的污染。化学性污染是指因化学物质，如甲醛、苯系物、氨气、氡及其子体和悬浮颗粒物等引起的污染。生物性污染是指生物污染因子，主要包括细菌、真菌（包括真菌孢子）、花粉、病毒、生物体有机物成分引起的污染。室内空气污染主要是人为污染，以化学性污染最为突出。

1. 室内主要空气污染物及其危害

（1）甲醛在常温下是一种无色、具有强烈刺激性气味、高挥发性的有机气体，气体相对密度为 1.067，略大于空气，易溶于水、乙醇和乙醚。甲醛已经被世界卫生组织（WHO）确定为致癌和致畸形物质，甲醛急性暴露主要会刺激皮肤、眼睛和上呼吸道黏膜等，会导致过敏和急性中毒。甲醛慢性暴露则会引起神经毒性、生殖毒性、遗传毒性、致癌作用和呼吸系统损害等方面的疾病，包括引起白血病和青少年记忆力、智力的下降，引起孕妇孕期综合征、新生儿染色体异常，引起鼻咽癌、结肠癌、脑瘤和慢性呼吸道疾病等。

（2）苯系物主要由苯、甲苯、乙苯以及二甲苯等构成，属于挥发性的有机物。苯系物已被世界卫生组织（WHO）确定为强致癌物质，它能抑制人体造血功能，致使红细胞、白细胞和血小板减少，诱发白血病。空气中的高浓度苯、甲苯、二甲苯在短时间内就能使人出现中枢神经系统麻痹，轻者造成头晕、头痛、恶心、胸闷、无力和意识模糊，严重者可致昏迷及呼吸循环系统衰竭而死亡。长期接触甲苯、二甲苯会引起慢性中毒，出现头痛、失眠、精神萎靡、记忆力减退等症状。

（3）TVOC（总挥发性有机化合物），美国环境署（EPA）对 VOC（挥发性有机化合物）的定义是：除了一氧化碳、二氧化碳、碳酸、金属碳化物、碳酸盐以及碳酸铵外，任何参与大气中光化学反应的含碳化合物均属于 VOC。TVOC 可有嗅味，有刺激性，而且有些化合物具有基因毒性。TVOC 能引起机体免疫水平失调，影响中枢神经系统功能，出现头晕、头痛、嗜睡、无力、胸闷等自觉症状；还可能影响消化系统，出现食欲不振、恶心等，严重时可损伤肝脏和造血系统，出现变态反应等。

（4）二氧化碳是空气中常见的温室气体，常温下是一种无色、无味、不助燃、不可燃的气体，密度比空气大，略溶于水，与水反应生成碳酸。

当二氧化碳含量较少时对人体无危害，但其超过一定量时会影响人（包括其他生物）的呼吸，原因是血液中的碳酸浓度增大，酸性增强，产生酸中毒。空气中二氧化碳的体积分数为 1% 时，会使人感到胸闷、头昏、心悸；达到 4%~5% 时使人感到眩晕；达到 6% 以上时使人神志不清，呼吸逐渐停止以致死亡。

（5）可吸入颗粒物（PM2.5）是指悬浮在空气中，空气动力学当量直径小于或等于
2.5 微米（μm），可通过呼吸道进入人体的颗粒物。空气中可吸入颗粒物浓度增加，会对
人体产生多方面的危害，大量研究表明，空气中可吸入颗粒物浓度的上升容易引起上呼
吸道感染，使鼻炎、慢性咽炎、慢性支气管炎、支气管哮喘、肺气肿等呼吸系统疾病恶
化。人体暴露在高浓度的 PM2.5 环境中，会增加血液黏稠度和血液中某些白蛋白，从而
引起血栓。空气动力学当量直径小于 1 微米（μm）的含铅颗粒物在肺内沉积后，极易
进入血液系统，大部分会与红细胞结合，小部分会形成铅的磷酸盐和甘油磷酸盐，然后
进入肝、肾、肺和脑，几周后会进入骨骼内，导致高级神经系统紊乱和器官调解失能，
表现为头疼、头晕、嗜睡和狂躁，引起严重的中毒性脑病。此外，可吸入颗粒物还容易
吸附多环芳羟、重金属等有毒物质，产生致癌、致突变、致残等更加严重的危害。

2. 室内空气污染物的来源

（1）室内装修材料及装饰材料容易产生甲醛、苯、甲苯、氯仿（三氯甲烷）等污染。

（2）家用电器及办公设备在放电的同时，高压电弧光能激发周围空气中的氧转变
为臭氧，并通过排风口散发到室内。

（3）建筑在施工过程中，一般会加入一些化学物质，易产生放射性物质氡的污染，
对人体危害极大，却不易察觉。

（4）室内燃烧、烹饪产生的油烟以及人们抽烟产生烟雾均可导致室内空气污染，
其中的成分很多，也很复杂。

（5）大气中的各种污染物可以通过门窗、孔隙等扩散进入室内，从而引起室内空
气污染程度加剧。

（6）其他污染源包括人体呼吸、排泄等活动排入环境的气体污染物；室内的花鸟
鱼虫和猫狗宠物带来的细菌、真菌、花粉、病毒等。

1.2.2　室内空气污染治理的方法

1. 新风系统

采用新风系统进行室内通风换气，可以提供新鲜空气、稀释室内气味和污染物、

除去余热和余湿等（图 1-12）。

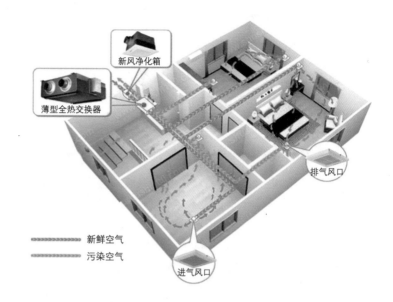

图 1-12　新风系统示意图

2. 空气净化器

室内空气净化器依据不同的机理，一般可分为机械式、静电式、负氧离子式、光催化式、物理吸附式、化学吸附式或者前几种形式的两种或两种以上形式的组合（图 1-13）。

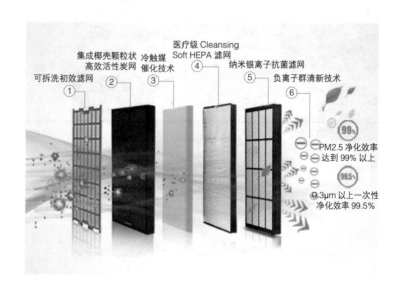

图 1-13　空气净化器过滤技术分解示意图

（1）机械式室内空气净化器采用多孔性过滤材料，如无纺布滤纸和纤维材料等，把气流中的颗粒物截留下来使空气得到净化。其特点是除尘效率高、容尘量大、使用寿命长，但对室内的甲醛、苯、氨等有害气体无能为力。

（2）静电式室内空气净化器利用阳极电晕放电原理使气流中的颗粒物带正电荷，然后借助库仑力的作用将带电颗粒物捕集在集尘装置上从而净化空气。该净化器对去除室内空气中的有害气体没有帮助。

（3）负氧离子式室内空气净化器用人工方法造成强电场，电晕产生对人体有益的负氧离子，能使人感到空气清新。但负氧离子会产生臭氧，且对去除室内空气中的有害气体作用不大。

（4）光催化式室内空气净化器采用纳米技术将催化剂镀在特定的载体上，用特定波长的紫外光线照射载体上的催化剂，与有害气体发生化学反应，达到净化的目的。光催化的优点在于不存在吸附饱和的现象，使用寿命成倍提高，净化效率较高。

3. 植物净化

图1-14　水培绿萝

植物可以吸收空气中的有害物质，因此具有改善室内空气污染程度的能力。例如绿萝（图1-14）、芦荟、非洲菊和虎尾兰等植物可吸收甲醛，常春藤、月季、蔷薇、芦荟、万年青、铁树和菊花等植物可吸收苯和二甲苯，紫菀属植物和鸡冠花等可吸收铀等放射性核素，天门冬和紫藤可清除重金属微粒。对于室内空气污染不是很严重的家庭，利用绿色植物对室内空气进行净化，既能美化环境，又能有效减少室内空气中的有害气体，但少量植物并不能高效吸收空气中的有害物质。

1.2.3　室内空气污染治理存在的问题

对于室内空气污染物的治理，上面提到的方法都有各自的优点，但也存在诸多问题。

（1）新风系统目前存在的主要问题是，部分设备风量达不到要求、噪声偏大等。开窗通风或安装通风换气机主要用于合适的气候条件和污染程度较轻的场合，对中度以上的室内空气污染则无法起到净化作用。

自然通风容易受室外空气状况影响，室外空气存在污染时，不宜通风换气。自然通风还会导致气流紊乱，可能会把卫生间和厨房的异味带入客厅和卧室，卫生间竖井可能产生异味"倒灌"现象。在使用空调时开窗，会造成能源的大量浪费。室外空气夹带大量灰尘及扬沙进入室内，影响室内清洁卫生。噪声污染严重，使得生活品质大打折扣。

机械通风系统中需设置各种空气处理设备、动力设备（通风机）、各类风道、控制附件和器材，故初次投资和日常运行维护管理费用远大于自然通风系统。另外，各种设备需要占用建筑空间，并需要专门人员管理，通风机还有可能产生噪声，影响室内环境。

（2）空气净化器对存于室内的污染气体进行处理，随着过滤系统的污浊度增大，处理能力会下降。空气净化器只能去除空气污染物，无法提供富含氧气的新鲜空气，部分空气净化器只能吸附部分灰尘等有害物质，但无法长期、有效地去除气体中的甲醛、VOC 等化学污染物。

即使存在一种空气净化器，用人工的物理加化学的方法可以高效地去除空气中所有的污染物，同时不考虑新污染源的出现，我们如同生活在一个类似于"超净间"的环境中，我们每个人的身体中的免疫系统不再受到的外来侵害，长此以往，一旦我们离开这个"超净间"，免疫系统是否能从"休眠中"恢复，也将是一个有待研究的问题。

（3）植物净化的方法虽然可以在一定程度上减少空气污染物，但由于室内空间有限、房价高昂，很难做到在室内进行大量的绿色植物的种植，寥寥几盆植物对于空气改善的作用自然也是杯水车薪。

虽然治理室内空气污染的方法很多，而且随着大众日益重视室内空气污染问题，国内的专业治理公司也如雨后春笋般地出现，但用户对室内污染物的治理却非常迷茫。由于目前国家尚未出台有关室内污染物治理的相关标准及规定，消费者及用户对室内污染物的治理知识大多来自各专业治理公司和新闻媒体的宣传。现在，对于各种方法的治理效果不易评价，而且目前国内已出现由于室内污染物的治理效果达不到要求，消费者与室内环境治理公司对簿公堂的现象。

植物的室内空气净化效果

1.3.1 植物对空气污染物的作用

1. 植物对空气污染物的吸收作用

植物是生物圈的重要组成部分，万物生命与循环都依赖着植物。建筑是人类生存的居所，拥有一个良好的生态环境，是人类拥有安全、健康、优美之家的前提条件。无论是人类祖先的穴居、巢居，还是现代人的生态建筑、绿色建筑，都无一例外地与生态系统以及植物环境有着密切的联系。植物可以让城市呼吸、让建筑呼吸、让居住者拥有舒适的呼吸；植物可以把空气净化得清新；植物可以为建筑提供天然的避风遮阳的条件；植物可以帮助人们分解、吸收环境中的有害物质。通过植物系统的降噪、除尘、杀菌、放氧、固碳等生物功能，为我们净化生存环境，为建筑提供良好的新风供给条件；通过植物的固土、保水、过滤、蒸腾作用，起到降低扬尘、净化和调节空气湿度的作用。

绿色植物对居室中受污染的空气具有很好的净化作用。美国国家航空航天局（NASA）的一位科学家威廉·沃维尔用了几年的时间，在密闭实验箱中测试了几十种不同的绿色植物对几十种化学复合物的吸收能力（图 1-15），并把重点放在易于购买的观赏植物上，结果发现各种绿色植物都能有效地降低空气中的化学物质，并将它们转化为自身的养料，其量之大令人吃惊。从他公布的一份抗污染的绿色植物清单中可以看出，在 24h 照明、$1m^3$ 空气的条件下，芦荟吸收了 90% 的甲醛；90% 的苯在常春藤中消失；龙舌兰可吸收 70% 的苯、50% 的甲醛和 24% 的三氯乙烯；垂挂吊兰能吸收 96% 的一氧化碳和 86% 的甲醛。绿色植物的光合作用已是人们熟知的常识，但植物吸入其

图1-15 密闭实验箱

图1-16 仙人掌

他物质作为养料、某种植物偏爱某种化合物等现象，人们还未弄清楚其中的奥秘。威廉·沃维尔做了大量的实验，证实绿色植物吸入化学物质的能力大部分来自于土壤中的微生物，而不只是叶子。与植物共同生长于土壤里的微生物，在经历了一代代繁殖之后，其吸收化学物质的能力还会增加。

中国室内装饰协会室内环境监测工作委员会发现，某些观赏植物不但能够美化居室，而且能够净化室内空气。监测人员曾经在1.5m³的环境舱里进行甲醛净化效果的实验，结果发现48h以后，与对比舱的甲醛浓度相差4倍。研究发现，如果在室内每10m²放置一盆1.2~1.5m高的绿色植物，就能有效地吸附二氧化碳、一氧化碳、甲醛、苯等有害气体，有利于身体健康。

研究发现，有的植物还能将有害化学物质转化为植物养料，如观叶植物冷水花、常春藤、吊兰等都能吸收有害气体。有些植物如仙人掌（图1-16）、仙人球、令箭荷花、兰花等，在夜间不仅不释放二氧化碳，反而还会吸收二氧化碳，在净化室内空气时，有制造氧气、杀菌的效果。所以合理利用植物进行室内空气污染的净化，不仅能美化、净化和香化室内环境，还能达到陶冶情操的作用。

但是，利用植物净化室内空气也是有条件的，新装修的居室，如果环境污染不是特别严重的是可以的，但在污染物严重超标的房间里，植物就会成为反映污染程度的"标本"了。一些因为室内环境污染而对簿公堂的消费者，常把由于室内环境污染死掉的植物作为法庭上的证据。近年来，中国室内装饰协会室内环境监测工作委员会也不断宣传绿色植物的益处，告知人们可以利用绿色植物来净化室内装饰装修造成的环境污染。

2. 植物对空气污染物的净化作用

虽然国内外许多专家在实验中研究发现，植物有很好的净化室内环境污染物质的作用，但是针对我国目前广泛存在的办公室、学校教室和家庭的甲醛、苯、挥发性有机物和氨气污染，到底哪些植物的净化效果比较好、植物数量如何计算，在我国的研究还是空白。

为了安全有效地消除室内环境污染，保护消费者的身体健康，为广大消费者提供健康的室内环境，中国室内装饰协会室内环境监测工作委员会与北京市玉泉营花卉市场合作，利用玉泉营花卉市场的大量花卉等植物资源，进行了利用植物净化室内环境有害物质的课题研究。研究中参考国家室内环境有害物质测试的有关标准，对植物净化甲醛、苯和氨污染进行了测试，结果发现，目前市场上销售的大部分常见植物对甲醛、苯、氨等有害物质有净化效果。

为合理评价绿色植物的净化效果，专家们在实验中首次采用了园林绿化中的绿量、绿容率等概念和理论，进行植物室内环境净化效率的评价。一方面可以合理科学地评价各种植物的净化效果；另一方面，也便于科学地指导消费者在面临室内环境污染时合理地进行净化和污染治理。

经过测试和评价，按照每平方米植物叶片面积24h净化空气中的有害物质计算，目前市场上部分常见植物的净化效果见表1-1。

表 1-1　部分常见植物的净化效果

单位：mg/m^2

序号	植物名称	甲醛	苯	氨
1	常春藤	1.48	0.91	
2	绿萝	0.59		2.48
3	元宝树			1.33
4	发财树	0.48		2.37
5	黑美人	0.93	0.4	2.49
6	非洲茉莉			1.29
7	黄叶绿萝			4.11
8	孔雀竹芋	0.86		2.91
9	白鹤芋	1.09		3.53
10	散尾葵	0.38		1.57

1.3.2　具有空气净化功能的植物

美国科学家对十种常见观赏类植物做了研究（图 1-17），观察它们对室内空气的净化能力，结果显示，植物通常是利用叶子的微细舒张来吸取物质的，而根及土壤里的细菌亦有助清除有害气体。其中，一些植物对于吸收污染物反应良好，并容易种植。

植物白天吸收二氧化碳排出氧气，而夜间则是放出二氧化碳吸收氧气，一般叶子大、生长快的植物排放量是由植物的吸收作用决定的。仙人掌类植物则不同，其特点是呼吸量小，因为其叶片布满了针状的刺，如果用透光的塑料袋罩住几天，仍然能正常生长。仙人掌类植物夜间会放出氧气，不会与人争夺氧气，对人体健康有利。检测实验结果表明，龟背竹、鸭跖草和黄叶绿萝在消除甲醛方面效果明显；而开花植物如非洲菊、菊花则能消除空气中的苯，另一些表现良好的是几种龙血树属植物、百合以及黄叶绿萝。常绿的观叶植物以及绿色开花植物可以消除建筑物内好几种有毒的化学物质。常春藤、吊兰等蕨类、藤本类植物，会发挥海绵一样的功能，把室内诸如一氧化碳、甲醛等危害人体健康的气体吸掉。这些植物即使在没有光照的情况下也能很好地发挥作用。

具体分析一些植物的净化功能主要有：

（1）吊兰、芦荟、虎美兰这三种观赏植物能吸收室内的大量甲醛，数据显示，在 24h 照明的条件下，芦荟能把 $1m^3$ 空气中的甲醛过滤 90%；虎美兰则能去除约 50%~70% 的甲醛，吊兰则能吸收约 80% 的甲醛。

（2）非洲菊、菊花、百合和铁树能消除空气中的苯。

（3）龟背竹有很强的吸收二氧化碳的能力。

（4）栀子、石榴和美人蕉可吸收二氧化硫。

（5）蒲葵、鱼尾葵、菊花对氯化氢有很好的净化作用。

（6）柑橘、海桐、无花果抗氟和吸氟能力很好。

（7）女贞的吸氟能力比一般花木高 160 倍。

（8）天竺葵、秋海棠、文竹在夜间能吸收二氧化硫、二氧化碳等有害气体。

（9）茉莉、牵牛、金银花、夜来香能昼夜释放香精油和负离子，它们分泌的液体有助空气杀菌、洁净空气，能起到抑制空气中肺结核、痢疾和伤寒等病原体的效果；能调节精神，使人消除疲劳，对缓解神经衰弱效果较好。

（10）仙人掌能在夜间吸入二氧化碳、制造氧气、增加空气中负离子的浓度，对患有高血压及精神不振的人大有好处。它还有助吸收辐射，适宜放在计算机等家用电器附近，或者放置在装修石材（尤其是花岗石）附近，可以吸收天然石材发散出的氡。

（11）月季能吸收氟化氢、苯、硫化氢、乙苯酚、乙醚等气体。

（12）杜鹃是抗二氧化硫较理想的花木。

（13）木槿能吸收二氧化硫、氯气、氯化氢等有毒气体。

（14）紫薇对二氧化硫、氯气、氟化氢等有害气体有吸收作用。

（15）石竹可以吸收二氧化硫、氯化物。

（16）七里香能吸收光化学烟雾、防尘和隔声。

（17）香豌豆能消除氟化氢。

（18）雏菊、万年青可有效清除三氟乙烯。

（19）蜡梅、玉兰、樱花能降低空气中的汞含量。

图 1-17　常见观赏类植物

a）蜡梅　b）雏菊　c）百合　d）樱花　e）栀子　f）茉莉　g）吊兰　h）牵牛　i）芦荟　j）龟背竹　k）文竹

1.3.3　植物净化空气污染物的注意事项

1. 根据室内环境污染有针对性地选择植物

不同的植物对不同的有害物质的净化吸附效果也不同，如果在室内有针对性地选择栽植，可以起到明显的净化效果。

2. 根据室内环境污染程度选择植物

一般室内环境污染程度在轻度、中度与污染值在国家标准 3 倍以下的，采用植物净化可以达到比较好的效果。

3. 根据房间的不同功能选择和摆放植物

夜间植物呼吸作用旺盛，放出二氧化碳，卧室内摆放过多植物不利于夜间睡眠。卫生间、书房、客厅、厨房装修材料不同，污染物质也不同，可以选择具有不同净化功能的植物。

4. 根据房间面积的大小选择和摆放植物

植物净化室内环境的能力与植物的叶面表面积有直接关系，另外，植株的高低、冠径的大小、绿量的大小都会影响到净化效果。

1.4
室内空气净化植物墙概述

1.4.1 室内空气净化植物墙的概念

植物是最简单和最高效的空气过滤器和制氧机。植物的叶子和根系能吸收有机化学物质，并将它们转化为自身生长所需的养料，如有机酸、糖类、氨基酸，同时在光合作用下制造氧气。由于室内空间有限、房价高昂，人们很难做到在室内平面空间进行大量的绿色植物的种植，少量植物对于空气改善的作用比较微弱。

室内空气净化植物墙，是指可以实现空气净化、景观美化等效果的室内绿化墙体，其核心是在墙体上种植大量的植物，是一种节能环保的建筑室内装饰形式。本书总结了依托植物墙进行室内空气污染治理可能应用到的一些措施（图1-18）。

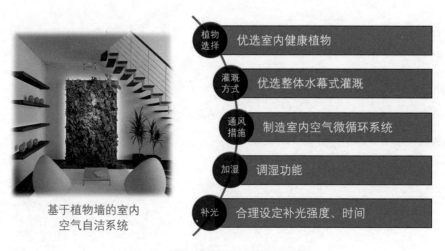

基于植物墙的室内
空气自洁系统

植物选择　优选室内健康植物
灌溉方式　优选整体水幕式灌溉
通风措施　制造室内空气微循环系统
加湿　　　调湿功能
补光　　　合理设定补光强度、时间

图 1-18　植物墙降低室内污染的相关措施

1.4.2　室内空气净化植物墙的辅助措施

1. 植物选择

根据实验结论，不同植物对于不同有害气体有着不同的吸收效果，同时有着不同的释放氧气的能力，因此，利用植物墙进行室内空气环境改善时应根据要达到的目标进行有针对性地选择和配比。

2. 室内空气微循环

普通室内环境下，室内空气相对静止，而植物对于有害气体的吸收需要植物附近空气的流动来促进，因此，如何促进室内空气流动，尤其是植物墙附近的空气对流，对于提高室内植物墙对污染气体的去除率变得尤为重要（图 1-19）。

图 1-19　室内空气微循环示意图

3. 补光装置

植物在光合作用下吸收二氧化碳，释放氧气，通过合理的补光控制（图 1-20），可以调节植物墙吸收二氧化碳、释放氧气的时间，有针对性地解决其所在空间二氧化碳浓度偏高的问题。

图 1-20　植物补光

4. 加湿系统

加湿系统的功能一方面可以提高植物附近环境的湿度，帮助植物适应室内环境；另一方面可以通过加湿吸收空气中易溶于水的空气污染物（图1-21）。

图 1-21　加湿系统的喷雾装置

5. 物理过滤装置

虽然植物表面生长有微小的绒毛和褶皱，但其截留PM2.5、PM10等可吸入颗粒物的能力有限，因此需要附加具有物理过滤功能的装置（图1-22），用于高效地去除植物墙所在空间的可吸入颗粒物。

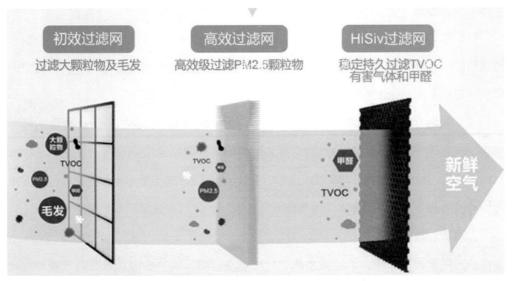

图 1-22　物理过滤装置示意图

1.4.3 室内空气净化植物墙的组成

室内空气净化植物墙主要包括支撑系统、基质植物、运维系统及可能应用的辅助措施四部分（图1-23），各部分的实现要点以及注意事项如下：

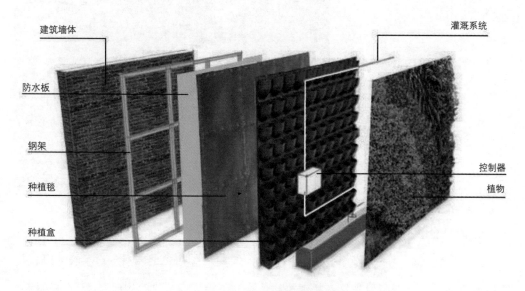

建筑墙体　　　　　　　　　　　　　　　　　　灌溉系统

防水板

钢架

种植毯

种植盒　　　　　　　　　　　　　　　　　　　控制器
　　　　　　　　　　　　　　　　　　　　　　植物

图1-23　室内空气净化植物墙的组成

1.支撑系统

（1）室内植物墙支撑防水是关键，其背板的选择必须具有防水性，室内植物墙一般选用微发泡PVC板或PP板作为防水背板，考虑所在位置墙体的牢固程度，在需要的情况下配合金属龙骨作为结构支撑。

（2）栽培容器是室内植物墙的核心部件，它可以是植物纤维或合成纤维做成的种植袋，也可以是高强度材料制成的可拼装的种植盆。栽培容器一般包括种植箱、种植盒、种植槽、种植袋（毯）等，由于室内空间较为有限，应尽量选择种植袋（毯）或较薄的种植盒的方式，以节省室内植物墙所占的空间，同时可以降低对墙体的承重。

2.基质、植物

（1）尽量选择无渣、不污染水源的种植基质。同一植物墙面灌溉参数一般一致，所以应根据植物的不同喜水需求来调配基质比例，使其保水能力根据植物不同而有所差异。在灌溉水直接排走，且不便安装施肥泵的情况下，可向基质中加入一定量的缓释肥。

（2）在植物选择方面，尽量选择覆盖力强、根系浅、以须根为主的植物，这样植物的根系与基质结合快而紧密。还应选择观赏性佳的植物，以观叶为主，叶片要求厚重而且致密，株型低矮整齐，四季观赏效果好的为佳。选择综合抗性强、耐湿热、耐旱、耐强光或耐荫，同时又耐寒、病虫害少的植物品种。避免在室内使用能释放有害花粉的植物。

3. 运维系统

（1）灌溉系统能为植物生长提供必不可少的水分及养分，是室内植物墙的重要组成部分。不洁净的灌溉用水容易堵塞滴头，做好前期进水过滤是重中之重。

（2）补光、通风、加湿系统可以为室内植物墙上的植物补光、通风、增加湿度，以缓解阴暗、干燥等恶劣环境对植物造成的不良影响。

（3）具有互联网功能的控制系统可以实时检测室内植物墙附近的空气质量、植物与土壤湿度、光照度等参数，参数超过阈值则报警提醒，同时可以实现对灌溉、补光、通风等设备的远程控制，还可以查询历史数据，大大降低维护成本和维护风险。

4. 辅助措施

辅助措施包括一些空气净化材料（如 HEPA 膜、活性炭等）及相关的空气循环设备（如风机等），以不同的形式安装在植物墙体上，配合植物墙体，有效增强空气净化效果。

1.4.4　室内空气净化植物墙的生态功能

1. 美化室内环境

人们在室内看到的通常是坚硬的瓷砖、苍白的墙面，容易造成视觉疲乏。而室内植物墙把绿色带到墙面上，植物形态多样，富有动感，修长的枝条、柔软的枝叶及缤纷的花果给室内空间增添了光彩，跟室内装修本身简洁、明快的线条形成的生硬、冷漠感融合在一起，赋予室内空间以生命力，创造亲切舒适的空间氛围。配合合适的灯光装饰，能在夜晚营造出迷人的氛围（图1-24）。

2. 吸附粉尘

植物的叶片面积通常能达到植物本身占地面积的20倍以上，所以植物可以过滤大量的漂浮灰尘。植物叶片对灰尘有很好的吸附作用，叶片越粗糙，表面绒毛越多，对灰尘的吸附能力就越强（图1-25），对于降低室内漂浮灰尘的作用非常明显，根据不同的植物及其配置方式，其滞尘率在10%~60%之间。

3. 降低噪声

城市的空间环境中充满各种噪声，噪声超过70dB时，就会对人体产生不利影响。墙体绿化的基质和植物是天然的隔声、吸声材料，具有吸声、改变声音的传播方向、干扰声波等功能，植物表面可吸收约1/4的环境噪声。植物叶片表面凹凸不平，相对于光滑的墙面，反射回环境的噪声大大减少。室内植物墙中的植物，能够对城市噪声起到很好地削减和隔离作用，降低环境噪声污染。

图 1-24　植物墙美化室内环境

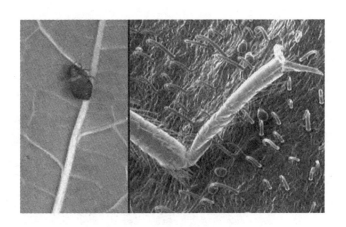

图1-25　植物叶片的放大照片

4. 吸收有害气体，改善室内空气质量

室内装修产生的甲醛、VOC（挥发性有机化合物）等污染物，严重危害着人们的健康，尤其是儿童和老年人长期生活在室内，受其危害更为严重。植物是空气的天然过滤器，靠其自身的光合作用、蒸腾作用以及根系微生物对有害气体的作用等方式，吸收空气中的甲醛、二氧化碳、VOC（挥发性有机化合物）等有害物质，释放氧气，可以达到调节、稀释、净化空气的目的。植物还能产生负氧离子，增加空气中负氧离子含量，提高空气质量。

5. 调节环境温湿度

植物可以通过叶片的蒸腾作用调节环境温湿度，能显著增加室内空气湿度，并降低室温，改善室内环境舒适度，提高人们的生活和工作质量。如果蒸腾作用旺盛的植物占室内空间的5%~10%，就可使冬天房间的湿度增加20%~30%，使夏天室内温度降低1~3℃，秋天室内温度提升1~3℃。

第 2 章
室内空气净化植物墙的
支撑体系

室内植物墙的实现，首先离不开结构的稳定，所以其支撑体系需要被首先考量。室内植物墙的支撑体系包括两部分，一部分是已有室内墙体对植物种植系统的支撑，另一部分是承载植物的容器。

2.1
室内墙体支撑方式

通常来讲，室内墙体分为砖墙、加气混凝土砌块墙、玻璃幕墙、混凝土墙、轻钢龙骨隔断等几种形式。

根据不同植物墙种植容器特点、不同的立地条件以及对固定的要求，植物层与室内墙体的连接固定，一般分为两种形式：

1. 板材直连

一般应用于较平整、可钻孔的墙面，其上使用较轻便的种植容器，直接在墙体上固定防水背板（图 2-1），然后将种植容器固定于防水背板上。

2. 钢架连接

在墙面不平整、不可钻孔（如玻璃幕墙）、种植容器要求、无墙体等情况下，需要先搭设钢架结构作为支撑，然后固定防水背板和钢丝网（图 2-2），最后固定种植容器。

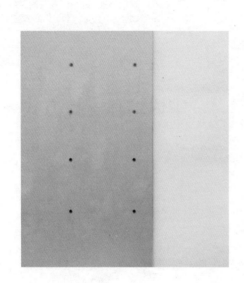

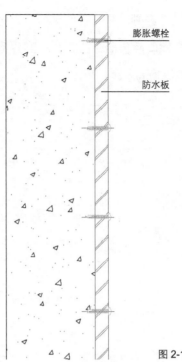

图 2-1 防水背板的固定

膨胀螺栓

防水板

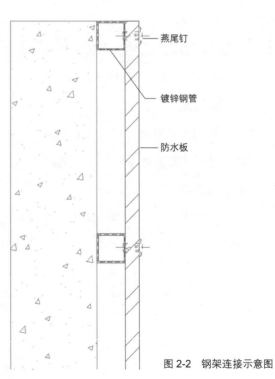

燕尾钉

镀锌钢管

防水板

图 2-2 钢架连接示意图

植物墙分类及种植容器简介

2.2.1　植物墙分类

植物墙根据组成形式和安装方式的不同分为贴植式和拼装式两类（图2-3）。

贴植式是指靠近墙体进行植物种植，进行墙体覆盖的方式，根据种植植物的种类，其形式可分为攀缘型和绿篱型。

拼装式是指将种植容器拼装固定在建筑墙面之上，进行墙体绿化的方式，根据后期植物根系的扩展能力分为种植型与摆放型。

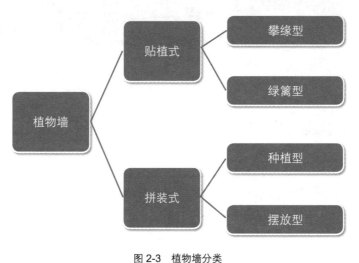

图 2-3　植物墙分类

攀缘型　　　　　　　　　　　　　　　　绿篱型

种植型　　　　　　　　　　　　　　　　摆放型

图 2-3　植物墙分类（续）

2.2.2　贴植式植物墙

1. 攀缘型

攀缘型植物墙（图 2-4）是指在墙体周围栽植藤本植物，利用其缠绕、攀爬等特性使其在墙面或者墙面上固定的网、拉索或栅栏上攀附生长，最终形成植物墙景观。包括植物自下向上攀爬与自上向下垂吊等生长形式。要做到在墙体表面提供固定植物根系的攀附物或基质，并有规律地向植物供给水分及养分，植物根系就只会分布于建筑物墙体外表面，使墙体内部不受到任何影响。

图 2-4　攀缘型植物墙

2. 绿篱型

绿篱型植物墙（图 2-5）是指在墙体周围种植灌木或小乔木，以较小的株行距密植，栽成单行或多行，紧密结合的规则的墙体绿化形式。绿篱型植物墙的缺点是墙体被遮挡的高度会受到植物高度的限制，一般遮挡高度在 3m 以内，且景观相对单一，缺少变化。

图 2-5　绿篱型植物墙

2.2.3　拼装式植物墙

拼装式植物墙是指将种植容器拼装固定在建筑墙面之上，进行墙体绿化的方式，根据种植后期植物根系的扩张能力的不同分为种植型和摆放型两种。

种植型的特征是植物根系有相对充足的伸展空间，需要将植物拆盆移栽于植物墙容器中。

摆放型指将栽植于盆体或塑型基质中的植物直接摆放种植于植物墙容器中。

1. 种植型

（1）种植盒

种植盒通常是指利用硬质原材料经开模加工制造而成的用于单株或少量几株植物种植的植物墙系统栽培容器。种植盒拥有一定的种植空间，可以满足根系在一定时间段内的生长所需，体积相对较小，可灵活控制相应间距的排列布局以满足植被的绿化覆盖面积最大化。

1）Consis VGS 盆（新加坡建恒）（图 2-6）

图 2-6　Consis VGS 盆

尺寸：长 150mm、宽 150mm、高 120mm

材质：回收聚丙烯再生料（Recycled PP）

颜色：黑色

固定方式：悬挂（图 2-7）

图 2-7　固定方式

特点：

● 易安装、牢固性强、安全性高，可满足大面积和高层植物墙的建造标准。

● 可以通过不同的种植密度和盒体间距的选择来满足任何墙体条件的建造。

● 适用范围较广，室内、室外皆可。

● 盒体本身的造价成本相对较低，依据其后挂槽定制的钢架造价较高。

● 采用盆口向上的摆放形式，视觉冲击力较弱，但后期维护、更换更为方便。

● 由于盒体内部无精密的蓄排水系统，后期灌溉的次数和水量的把控需要进行严格控制。

2）VGP 垂直绿化种植盒（新加坡 Elmich）（图 2-8）

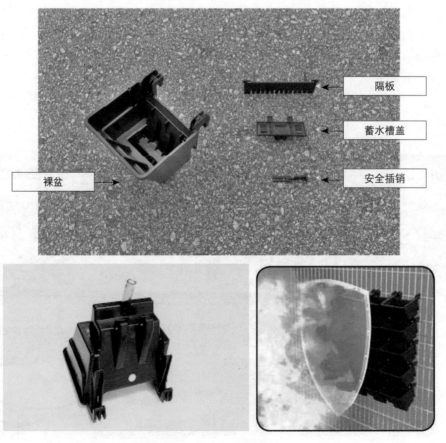

图 2-8　VGP 垂直绿化种植盒

尺寸：长 207mm、宽 195mm、高 192mm

材质：回收聚丙烯再生料（Recycled PP）

颜色：黑色

固定方式：悬挂（图 2-9）

特点：

● 易于植物更换、设计变更及后期维护。

● 种植基质深，植物根系生长空间大。

● 种植盒可适用于不同形式的框架。

● 排水、蓄水设计完善，功能强。

● 精准滴灌，水肥一体，外观简洁，便于隐藏。

● 符合绿色建筑认证标准。

● 盒体成本较高，重量相对较重，对背部的支撑要素有一定的要求。

● 适用领域包括室内墙、室外墙、独立墙、建筑物外立面。

● 具有耐火性和不耐火性两种类型，具有耐火性的满足消防规程的要求，并且不会释放有毒气体。

图 2-9　固定方式

3）福兆（罩）种植盒 ZJ-320（中建立体绿化）（图 2-10）。

尺寸：长 320mm、高 170mm、厚 90mm（包括两个长 160mm 的盒子）

　　　长 120mm、高 130mm、厚 70mm

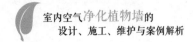

材质：抗老化改性聚丙烯材质

颜色：黑色

固定方式：上下拼接、螺钉固定

图 2-10 中建"福兆"种植盒

特点：

● 盒加毯：与种植毯衬底配合使用，表面美观，同时植物可扎根于种植毯。

● 可错排：排列方式可呈"品"字形或"田"字形。

● 蓄排水：可少量蓄水，同时排水顺畅（主要通过后方种植毯排水）。

● 用料少：每平方米塑料使用量较低，节省资源，性价比较高。

● 可叠放：可叠加放置，大大降低物流成本以及存储成本。

● 可拆分：可拆成单盒使用，方便适应不同的墙体尺寸。

● 易安装：上下可搭接，可整列安装，便于安装固定。

（2）种植槽（图 2-11）

图 2-11　种植槽

双面槽式植物幕墙（中建立体绿化）

尺寸：宽 125mm、高 125mm

材质：钢铁材质＋热镀锌＋两道烤漆处理

颜色：可选

固定方式：钢架龙骨及种植槽（图 2-12）

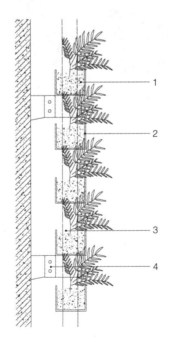

图 2-12　种植槽节点图
1—基质　2—种植槽　3—钢结构　4—预埋件

特点：

● 热镀锌钢板网，表面喷塑处理，透水、坚固、防腐。

● 采用单面热熔无纺布作为内胆，提高抗冻性能、减少水分散失。

● 双面效果，镂空效果不影响室内的采光和视野，提供室内景观视角。

● 槽底布置蓄排水板，保证一定蓄水量。

● 尺寸较小，墙面荷载较小，但由于受尺寸限制，可栽植植物种类受限。

● 网状结构，便于灌溉水逐层向下流淌。

　　中国建筑工程总公司技术中心室外植物墙，建于 2014 年 6 月，总面积约 300m²，是目前我国北方面积最大，并且能成功越冬的室外植物墙（图 2-13）。

图 2-13　中国建筑工程总公司技术中心室外墙体绿化案例

（3）种植箱

VGM 垂直绿化种植框（新加坡 Elmich）（图 2-14）

尺寸：高 600mm、宽 500mm、厚 150mm

材质：聚丙烯

颜色：黑色

最大负荷：1000kg/m²

固定方式：不锈钢固定件锁和悬挂

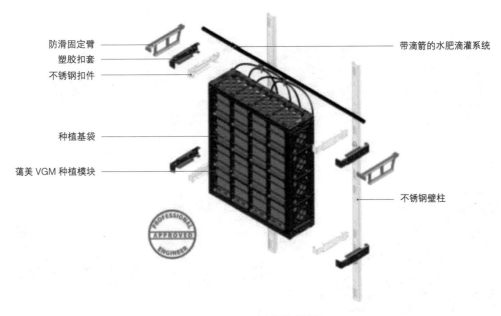

防滑固定臂
塑胶扣套
不锈钢扣件

带滴箭的水肥滴灌系统

种植基袋

蔼美 VGM 种植模块

不锈钢壁柱

图 2-14　VGM 垂直绿化种植框

特点：

● 成熟的模块化元素，易于安装、运输及维护。

● 种植基质深，内部空间大，植物选择范围大，后期生长时间较长。

● 轻便化，自重轻，可建成高度高。

● 坚固化，钢结构架，耐台风冲击。

● 生态化，框体由 100% 再生塑料制成，绿色可回收材料制成符合绿色建筑认证标准。

● 模块布置和设计可在现场外预设和调整；植物在苗圃培育，不占用施工空间。

　　需要 20~30 天培育期。在经过几次角度倾斜的培育后确保植物可以正常生长，才可上墙（图 2-15）。

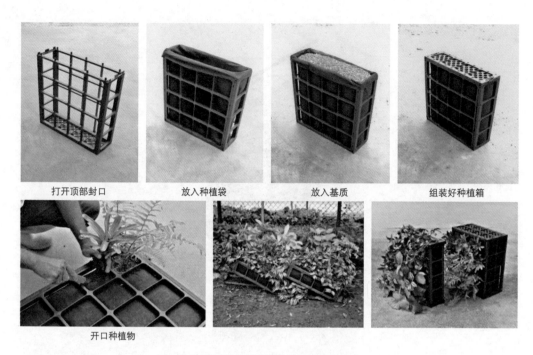

| 打开顶部封口 | 放入种植袋 | 放入基质 | 组装好种植箱 |

开口种植物

图 2-15　VGM 垂直绿化种植框使用方式

（4）柔性容器

种植容器外层材质为柔性材料的称为柔性容器。一般柔性材料为无纺布或其他针织材料，具有可塑性强、透气性强、扎根性好等特点。根据开口方式，可分为种植袋与种植毯两种。

1）种植袋（图 2-16、图 2-17）

图 2-16　种植袋

种植袋 ZJ-T160（中建立体绿化）

尺寸：高 1000mm、宽 1000mm、厚 10mm

材质：聚对苯二甲酸乙二醇酯针刺无纺布，理论寿命 15 年以上

规格：36 盆 /m²（6 盆 ×6 盆）、49 盆 /m²（7 盆 ×7 盆）、64 盆 /m²（8 盆 × 8 盆）

颜色：黑色

固定方式：U 形钉固定

特点：

● 材质轻：每平方米人工合成材料用料较少，节约资源。

● 便于种植：预制植物袋，便于种植对应规格的植物。

● 透气性好：织物的通透性保证植物根系透气性较好。

● 便于灌溉：顶端灌溉，依靠材质透水、浸润，自上而下实现均匀灌溉。

● 寿命长：理论寿命 15 年以上，可回收。

● 美观度较低：在未栽植情况下，整洁程度不如硬质容器，表面易沉积白色水垢，影响美观性。

● 植物易扎根：植物可扎根于柔性材质背部或空隙中，利于后期植物生长。

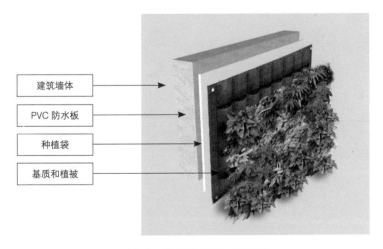

图 2-17　种植袋型植物墙示意图

2）种植毯

种植毯型植物墙是指直接将多层无纺布或其他柔性介质固定于防水背板上，根据设计图案在最外层布料上开口，将植物栽植于其中的方式。这种植物墙的发明者为法国植物学家，帕特里克·布兰克（图 2-18）。

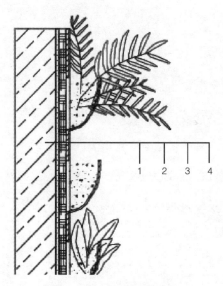

图 2-18　种植毯节点图
1—墙体／钢结构框架　2—防水板　3—种植毯　4—种植毯开口

特点：

● 材质轻：每平方米人工合成材料用料较少，节约资源。

● 任意构图：植物种植位置、开口方向等比较自由。

● 透气性好：织物的通透性保证植物根系透气性较好。

● 便于灌溉：顶端灌溉，依靠材质透水、浸润自上而下实现均匀灌溉。

● 寿命长：理论寿命 15 年以上，可回收。

● 植物易扎根：模拟自然壁面植物生长环境，植物易扎根，利于后期植物生长。

● 较费水：在不设置循环水再利用设施的情况下，需水量较高，比较浪费水资源。

2. 摆放型

（1）三得利墙体绿化容器（图 2-19）

图 2-19　三得利墙体绿化容器

材质：回收聚丙烯再生料（Recycled PP）

颜色：黑色

固定方式：螺钉固定于后方防水背板

特点：

● 创新性地使用适宜植物生长并能保持水和空气平衡的人工栽培塑性基质——Pafcal 种植棉。它可以取代传统的土壤，具有轻巧、干净、无病虫害等特点。

● 利用单体小模块种植，一方面使种植效果图表现得更加细腻；另一方面可以全面地展现植物墙的景观特色。

● 模块化容器可以根据需要进行特殊设计，形状可以是方形、梯形、“V”形等，其中可以填充基质，提供植物生长所需的养分，并且包括与墙体相连接的固件等。

● 该款摆放盒使用的是智能传感式灌溉水循环系统，通过微控制器控制，可以实现自动化定时、定量灌溉，在节省人工的同时，有效地节约水资源。

● 基质较为洁净，不易生蚊虫、病害（图 2-20）。

● 植物需要预培，施工及维护成本较高。

图 2-20　Pafcal 种植棉

（2）百（摆）利 ZJ-280（中建立体绿化）（图 2-21）

图 2-21　"百利"墙体绿化容器

尺寸：长 280mm、厚 118mm、高 140mm（双盒版）

长 120mm、厚 118mm、高 140mm（单盒版）

材质：抗老化改性聚丙烯材质

颜色：黑色

固定方式：上下搭扣连接 + 不锈钢螺钉固定

特点：

● 免拆盆摆放：直接摆放，无需拆盆，适合 100mm、110mm、120mm 小口径盆栽。

● 省材料：节省用料，具有较高性价比。

● 可叠放：可叠加放置，大大降低物流成本以及储存成本。

● 防掉落：采用安全设计，120mm 口径盆无法掉出，盆口特殊设计，防止植物因过大而掉落。

● 易安装：上下可搭接，可整列安装，便于安装固定。

● 转角处可遮挡：转角处通过调整植物角度即可遮挡。

● 可配合塑性基质使用：底层可放置塑性基质，植物可脱盆种植，利于植物根系伸展。

（3）种植槽（晋橡绿能）（图 2-22）

图 2-22　摆放型种植槽（晋橡绿能）

尺寸：长 560mm、宽 360mm、厚 21mm

材质：钢铁材质 + 热镀锌 + 两道烤漆处理

颜色：可选

特点：

● 书架式承载结构。

● 结构牢固，抗风性强。

● 模块化施工，便于安装。

● 植物带盆摆放，便于更换。

● 网状结构，便于灌溉水逐层向下流淌。

第 3 章
室内空气净化植物墙
的设计

3.1
平面构成

3.1.1 平面构成的形式

任何成功的艺术作品都是形式和内容的有机结合，室内植物墙设计也讲究形式美和内容美的完美融合。室内植物墙能带来生态、社会和经济效益，同时更是美观的装饰物，室内植物墙的平面构成通常包括以下几种形式：

1. 点缀式

如：玲珑冷水花中点缀鸟巢蕨（图 3-1）。

图 3-1 点缀式

2. 花境式

多种植物错落搭配，以植物丛为单位进行植物墙造景。虽然没有严谨的色块和线条，但疏密得当有序，以绿色为基调的观叶植物中穿插彩叶植物、观花植物，呈现植物株形、姿态、叶形、叶色、花期各异的观赏景致，使各类植物尽量保持其自然形态，展现原始的自然美（图3-2）。如：大片鹅掌柴中搭配部分矾根、白鹤芋、彩叶秋海棠等。

图 3-2　花境式

3. 整齐式

体现有规则的重复韵律和统一的整体美。线性或波纹形分布的植物，在视觉上具有较强的动感，能够加强建筑立面某一方向上的动势；面状分布的植物，由不同的色块构成，同时植物色块之间又相互联系，协调统一，富有趣味性且整体性较强，但植株叶形、叶色有所不同（图3-3）。如：袖珍椰子与绿萝、波斯顿蕨与金边吊兰等。应力求在整体中求变化，变化中求统一，创造美的效果。

4. 满植式

在墙面使用单一品种的植物来营造强烈的整体性效果，强化简约大气的风格与安宁静谧的氛围。通常情况下，越大的绿化面积越能给人带来巨大的感染力。个体较大且形

图3-3 整齐式

图3-4 满植式

态舒展的植株营造的满植式植物墙气势宏大、飘逸洒脱，凸显植物自然之美；而植株较精致的满植式植物墙，有强烈的秩序感，且略带严谨、庄重的意味（图3-4）。

5. 悬挂式

在建筑墙体、门窗洞口处悬挂植物，可以选择绿萝、青藤、波斯顿蕨、金边吊兰、吊竹梅等垂枝植物，增加建筑墙体的立体美的效果；同时在门窗洞口处采用悬挂式植物墙能起到帘幕的效果，保持视线通透的同时又能起到分隔空间的作用。悬挂式植物墙的布置应简洁、灵活、富有变化（图3-5）。

图3-5 悬挂式

3.1.2　平面构成的原则

1. 对比与调和

对比是指两种或多种有差异的事物之间的对照，使得彼此之间的差异更加显著。调和则是将形式、材料等方面统一协调，使植物墙具有和谐的整体效果。对比使植物墙生动活泼、效果鲜明、引人注目；调和能营造舒适、宁静和稳定的视觉效果。

植物墙景观是由植物材料及其周围环境综合构成的。植物材料主要由植物的色彩、形体、质地、体量等因素构成，而这些因素存在着大小、轻重、深浅的差异。在植物材料的要素特性，相近特性越强，则协调性越强，如质地中的粗质与中质、色彩中的邻近色；反之，当植物材料属性间的差异显著时，就能形成对比，如红色和绿色、粗糙和细腻。

植物墙上株形较大的植物、生长动势有明显偏向的植物、姿态奇特的植物，与枝小叶密的植物搭配，在平面上形成大小对比，在侧立面上形成参差对比，来增加植物墙的立体感，丰富空间层次。

2. 节奏与韵律

有规律地再现称为节奏，既有情调又有规律的节奏称为韵律。例如在空间内连续使用相同的植物墙，或使用不同的植物墙有规律地交替出现，都能产生节奏与韵律，有利于空间景观性的统一。

造型艺术是由形状、色彩和质感等多种要素在同一空间内组成的。在植物墙设计中，可以以植物个体为单位，利用其个体特征要素进行有节奏和韵律的搭配，例如整齐式植物墙就属于这个范畴；也可以一面植物墙为单位，在整个空间内进行景观节奏、韵律的表现（图 3-6）。

3. 统一与变化

植物墙的设计要在色彩、线条、质地、比例等方面有一定的差异和变化，植物墙的基调色彩普遍为绿色，绿色能缓冲和统一其他色彩，给人舒适放松、宁静安详的感受，点缀一些花、叶、果独特的植物，又能显示植物墙景观的多样性。在寻求植物墙

图 3-6　植物墙的节奏与韵律

景观变化的同时又需要保持一定的统一性，既生动活泼，又和谐统一。

运用重复的方法最能体现统一，统一的布局会产生整齐和庄严的感觉，但过分统一又会显得单调。因此应在统一中求变化，变化中求统一，这样植物墙才会显得自然优美。

4. 比例与尺度

比例是指大小关系，与具体尺度无关。不同比例的植物墙会对人的心理产生不同的感觉。尺度与物体的实际尺寸直接相关，容易使人形成思维定式，人们通常习惯用自己熟悉的事物作为尺度的对比和参照。

在植物材料的选择上需注意与空间大小、形状相适应，如狭长过道不宜选向外扩展的植物。同时注重植株的茎、叶、花、果所构成的植物群体和个体的不同层次，以及形成的整体景观效果和比例尺度关系。例如，近景植物选择大而鲜艳的，远景植物选择小而深色的，容易使人感到更大的空间进深。不同色彩，高明度的色彩给人扩大面积的感觉，低明度的色彩给人缩小面积的感觉。

5. 均衡与稳定

构图在平面上的平衡为均衡，在立面上的平衡为稳定。均衡是人们在心理上对对称或不对称景观的感觉。一般色彩浓重、体量大、数量多、质地粗厚、枝叶繁茂的植物给人"重"的感觉；而色彩素淡、体量小、数量少、质地细腻、枝叶舒朗的植物则会给人"轻"的感觉。

对称的植物墙势必能带来均衡感，通常给人整齐、庄重和简洁的感觉，适于办公空间、会议室等场所；不对称的植物墙同样能带来均衡的美感，并带来自然生动且富有趣味的景观效果，适于商场、展会、餐厅、家庭等场所。此外，在植物墙上大株形植物、生长动势具有明显偏向的植物、色彩艳丽的植物以及姿态奇特的植物都可能给植物墙带来不稳定之感，可以利用紧密生长的矮型植株或山石等来起到平衡作用。

6. 主与从

主从就是主体与从属的关系，构成了重点和一般的对比，点缀式植物墙就是主从对比的典型例子。选择重点植物、区分主次是植物墙景观突出重点、协调统一的关键。

可以将重点突出的植物、装饰物或景观安置在植物墙的重要节点、转角、中心或者轴线交界处，配景植物成围合重心的态势。还可以通过体量、色彩等因素的影响分配植物墙的主从。

3.2

色彩构成

色彩能给人直观、鲜明和丰富的情感体验，是一种最具表现力的视觉要素，恰当的色彩搭配可以增强植物墙的视觉效果，及其外在表现力。植物的色彩主要包括叶、茎、花、果的颜色，植物本身的色彩构成了植物墙景观重要的视觉因素。植物墙设计必须注重色彩对人的视觉刺激所引起的联想和情感，这样才能使植物墙更具内涵和个性。植物墙的色彩构成原则和平面构成一样，都应遵循对立统一原则。

3.2.1　色彩对比

色彩具有温度感、距离感、重量感以及体量感等视觉效应，不同的色彩起到不同的心理暗示作用，可以营造不同的环境氛围。

（1）色相对比：色相是指色彩的相貌，弱对比轻松柔和，中对比明确肯定，强对比热烈饱满，最强对比可能引发人不安定的情绪。通常植物和建筑、周围装饰物在色相上有着较大的差异，因此在植物墙的色彩运用上应注意调控明度和纯度的对比。

（2）明度对比：明度是色彩的明暗程度，明度是决定色彩关系的基础，植物色彩明度越高，色彩体积就越膨胀，视觉感受就越大，因此观察者感知到的距离会小于实际距离；反之，植物色彩明度低则会让人感觉到空间被放大。

（3）纯度对比：纯度是指色彩的纯净程度即饱和程度。强色彩纯度对比会使植物墙生动鲜艳，但对比过强也可能使人感到不安和焦虑，可以通过降低其明度对比来缓解；弱对比会显得更加雅致含蓄，然而也容易使植物墙显得昏暗死板。

（4）冷暖对比：色彩对人的身心有着微妙的影响，明快的暖色调给人带来信心、活力、温暖、热闹感；冷色调可消除烦恼、急躁，营造安静的环境，给人以冰凉、清静感。绿色是中性色，可缓解观赏者的疲劳感。

在炎热地区和炎热季节，人们喜欢冷色调，冷色调使人感到凉爽与宁静。夏季也宜采用冷色调花卉，可以引发人们对凉爽的联想。

3.2.2　色彩调和

色彩调和是对色彩的控制和调节，色彩调和可以有序地控制和组织色彩，避免过于强烈的对比关系打破环境空间中的色彩平衡，以致给人带来不舒适的体验。

植物的色彩以中绿最为常见，绝大多数植物都在这个色彩范围内。少数植物为深绿色，给人厚重、沉稳、凝重的感觉。浅绿色植物能给人轻松愉悦的感觉。

植物墙中植物的稀有色彩一般起点缀作用，常见的植物有黄叶绿萝、千年木、鸭跖草、合果芋、矾根、花叶秋海棠等；此外还有斑叶植物，顾名思义就是叶片上有斑纹或者条纹的植物，或者叶缘呈现异色镶边的植物，如金边吊兰、孔雀竹芋、双线竹芋、吊竹梅、花叶万年青等植物。

3.2.3　色彩的联想和应用

颜色来源于自然，人们看到自然中的颜色，就会联想到与这些颜色相关的感觉体验，这是最原始的联想。

（1）绿色是植物的主色调，是大自然中的基调色，是植物最基本的颜色，象征着春天、活力、希望，给人以清新、宁静、平和的感觉，是极易被接受的色彩。一般情况下，植物墙在色彩设计时要以绿色为基调，以不同的绿色为基础进行设计。

（2）红色属于暖色调，视觉刺激强，令人振奋，代表着热情、奔放、喜悦，给人以成熟、炽热之感。在传统文化中，红色常与吉祥、美满、喜庆相联系，在礼仪、节庆活动中被广泛应用。在安静休息区需慎用、少用红色，以免刺激感太强而引起人们的不安。

在色彩设计时，红色可用于出入口等相对热闹的区域。红色与粉色的组合令人精神振奋；红色在绿色的陪衬下，更为热烈醒目；红色系植物有：花烛、天竺葵、丽格海棠、四季秋海棠等。

（3）黄色属暖色调，给人光明、辉煌、华贵的感觉。黄色与绿色较为近似，尤其是黄绿色常介于两者之间。明快的黄色使植物墙景观明亮起来，尤其适用于阴暗处的植物墙，可以活跃气氛，令人愉快。黄色系植物有：黄叶绿萝、圣诞伽蓝菜等。

（4）橙色由黄色和红色调和而成，浓淡相宜，温暖明快。一些成熟的果实往往呈现橙色，因此橙色给人带来香甜的联想，是人们乐于接受的色彩。橙色系植物有：丽格海棠、圣诞伽蓝菜等。

（5）粉色由红色和白色调和而成，粉色的范围非常大，有蓝粉色、黄粉色等冷暖两极的多种色彩形式。粉色系植物有：粉掌、美女樱、四季秋海棠、丽格海棠等。

（6）紫色具有高雅雍容的气度。深紫色与其他浓艳的颜色如红色和深蓝色组合会产生郁闷或激昂的情绪，极富戏剧性，在灯光渲染下尤为显著；暗紫色会引起低沉、烦闷的感觉，应用时面积不宜过大，否则会显得忧郁、凝重、阴沉。紫色系植物有：吊竹梅、鸭跖草、薰衣草、鸢尾等。

（7）白色是冷色与暖色之间的过渡色，象征和平与神圣。白色的明度最高，常给人纯净、清雅、明快、简洁的感觉。白鹤芋经常作为白色系植物使用。

植物是植物墙设计中最重要的元素，植株个体的颜色、大小、叶片形状、质感、季相变化和生命周期变化等特性，都是影响植物墙景观效果的重要因素。

3.3.1　植物景观的动态变化

植物材料与其他材料最大的区别就在于植物是有生命的，作为植物墙的重要组成部分，植物墙景观从一开始就处于不断变化之中，所以不仅须考虑即时视觉效果，还须从更为长远的角度考虑植物不同季节、不同生命阶段的景观效果。植物墙景观的动态变化主要由以下两方面决定：

1. 植物的季相变化

植物墙常用的植物主要包括常绿植物、彩叶植物、常绿开花植物，以及少量观果、观干、观根茎的植物，不同植物在不同季节展现不同的状态和风貌。常绿植物四季常青，即使在休眠期也不会落叶，景观效果持久稳定。常绿开花植物、夏秋开花植物、冬春开花植物应用在植物墙中，可以保持四季常绿，并在特定季节开花，观赏效果出众。但需注意花期之后的植物管护，应及时修剪萎蔫花叶，还应注意植物休眠期植物墙景观的延续性。对于有特定景观要求的植物墙可仅在特定时期布置观花、观果的植物，其他时期选用易于管护、效果稳定的植物。

2. 植物的生命周期变化

植物的体量和叶片的大小会随植物生命周期而变化，植物幼年时叶片小而细腻、量少而规律，植物成年后叶片大而茂密、排列逐渐自由且无规律。植物由小到大给人由细致到粗犷的视觉效果，因而追求规整效果的植物墙可采用幼年植物，或通过水肥和生长基质来控制植物生长速度；对于追求自由奔放效果的植物墙应大胆选用成年的大体量植物。

植物的色彩也是在不断地变化。常绿植物在幼年呈现嫩绿色、鹅黄色，给人清新自然之感，成年后会颜色加深呈现深绿、墨绿、深红等色。彩叶植物幼年的叶色相对于成年也显得更加浅淡柔嫩。开花是成年植物生殖生长的过程，花期由植物本身品种决定，也可通过人工手段对花期进行控制。此外，一些植物成年后期，直到老年时期的根茎别具特色，应用在植物墙中显得极富自然粗犷之美。

3.3.2　常用植物介绍

当前室内植物墙植物选择仍处于探索阶段，本书对实际应用中发现的一些在京津冀应用良好的植物品种进行重点介绍。

1. 绿萝（学名：*Epipremnum aureum*）（图3-7）

科属：天南星科，麒麟叶属。

植物墙应用：耐阴观叶植物，植物墙常用骨干植物，且叶色具有一定变化，主要品种包括青叶绿萝、黄叶绿萝、花叶绿萝。

图3-7　绿萝

2. 花烛（学名：*Anthurium andraeanum* Linden）（图3-8）

科属：天南星科，花烛属。

植物墙应用：耐阴观花植物，佛焰苞色泽鲜艳华丽，肥厚具蜡质，颜色有红、粉、白、绿、双色等。观赏期长且景观极具特色。

3. 虎耳草（学名：*Saxifraga stolonifera* Curt.）（图3-9）

科属：虎耳草科，虎耳草属。

植物墙应用：耐阴湿观叶植物，四季常绿，叶形奇特，花期固定，生长迅速，茎随处生长新株，覆盖快且景观极具特色。

图 3-8　花烛

图 3-9　虎耳草

4. 一叶兰（学名：*Aspidistra elatior* Blume.）（图3-10）

科属：百合科，蜘蛛抱蛋属。

植物墙应用：耐阴观叶植物，多年生常绿草本。叶近革质，椭圆形，两面绿色，叶柄粗壮。花梗短，花与地面接近，紫色钟状。

5. 花叶万年青（学名：*Dieffenbachia picta* Lodd.）（图3-11）

科属：天南星科，花叶万年青属。

植物墙应用：喜阴湿观叶植物，叶色多样，变化丰富，主要品种包括大王黛

图 3-10　一叶兰

粉叶、暑白黛粉叶、白玉黛粉叶、玛丽安黛粉叶、六月雪大王黛粉叶、玛雅之星黛粉叶、斑叶万年青、雪纹万年青、乳斑万年青。

图 3-11　花叶万年青

6. 吊竹梅（学名：*Zebrina pendula* Schnizl）（图3-12）

科属：鸭跖草科，紫露草属。

植物墙应用：喜光喜湿观叶植物，叶色鲜艳，呈紫红色，株形优美。生长迅速，茎随处生长新株，覆盖快且景观极具特色。

图 3-12　吊竹梅

7. 竹芋科（学名：*Marantaceae*）（图 3-13）

竹芋科常见观赏品种主要包括：肖竹芋属和竹芋属。

植物墙应用：喜半阴和高温多湿的观叶观花植物，叶片变化尤为突出且生长茂密。肖竹芋属常见种类包括孔雀竹芋、彩虹竹芋、箭羽竹芋、圆叶竹芋、双线竹芋、美丽竹芋、玫瑰竹芋；竹芋属常见种类包括斑叶竹芋、花叶竹芋、紫背竹芋、条纹竹芋、红脉竹芋、白脉竹芋。

图 3-13　竹芋科

8.秋海棠科（学名：*Begonia ceae*）（图3-14）

植物墙应用：喜温湿观叶观花植物，观叶品种叶色鲜艳、丰富多变，景观效果持久稳定，常用品种包括蟆叶秋海棠、铁十字秋海棠和虎斑海棠；观花品种花期长、花色多，装饰效果强，常用品种包括四季秋海棠、丽格海棠和竹节秋海棠。

图3-14　秋海棠科

9.凤梨科（学名：*Brome liaceae*）（图3-15）

植物墙应用：喜光喜湿观叶观花植物，株形优美，叶色青翠，花序艳丽，种类丰富，景观效果极佳。

图3-15　凤梨科

10. 喜林芋属（学名：*Philodendron* Schott）（图 3-16）

科属：天南星科，喜林芋属。

植物墙应用：耐阴湿观叶植物，株形优美，四季常绿，叶形奇特。常见品种有春羽、心叶蔓绿绒、绿宝石喜林芋等。

图 3-16　喜林芋属

11. 冷水花属（学名：*Pilea Lindl., nom.conserv.*）（图 3-17）

科属：荨麻科，冷水花属。

植物墙应用：喜温湿观叶植物，株丛小巧素雅，叶色绿白分明，纹样美丽。栽植在植物墙上，绿叶垂下，妩媚可爱。

图 3-17　冷水花属

12. 袖珍椰子（学名：*Chamaedorea elegans* Mart.）（图 3-18）

科属：棕榈科，椰子属。

植物墙应用：耐阴湿观叶植物，形态小巧玲珑，美观别致，种植在植物墙上，能呈现迷人的热带风光。

图 3-18　袖珍椰子

13. 豆瓣绿（学名：*Peperomia tetraphylla*）（图 3-19）

科属：胡椒科，豆瓣绿属。

植物墙应用：耐阴湿观叶植物，品种繁多，株形优美，叶色鲜艳，叶形奇特。

图 3-19 豆瓣绿

14. 鸢尾（学名：*Iris tectorum* Maxim.）（图 3-20）

科属：鸢尾科，鸢尾属。

植物墙应用：耐阴湿观叶观花植物。多年生草本，叶基生，黄绿色，花色有蓝紫色、白色，香气淡雅。

图 3-20 鸢尾

15. 银脉爵床（学名：*Kudoacanthus albonervosa* Hosok.）（图 3-21）

科属：爵床科，银脉爵床属。

植物墙应用：喜高温多湿观叶植物，株形优美，叶色浓绿，有光泽，叶脉银白色，花橙黄色，尤为醒目。

图 3-21　银脉爵床

16. 矾根（学名：*Heuchera micrantha*）（图 3-22）

科属：虎耳草科，矾根属。

植物墙应用：耐阴湿观叶植物，叶形特别、叶色美丽、品种丰富，是优良的植物墙彩叶植物。

图 3-22　矾根

17. 花叶络石（学名：*Trachelospermum jasminoides* 'Flame'）（图 3-23 ）

科属：夹竹桃科，络石属。

植物墙应用：喜光、耐阴湿观叶植物，常绿木质藤蔓植物，颜色多彩艳丽，一株花叶络石上可存在红叶、粉红叶、纯白叶、斑叶和绿叶构成的色彩群。

图 3-23　花叶络石

18. 橡皮树（学名：*Ficus elastica Roxb. ex Hornem.*）（图 3-24 ）

科属：桑科，榕属。

植物墙应用：耐高温高湿观叶植物，常绿乔木，单叶互生，叶片长椭圆形，厚革质，亮绿色，侧脉多而平行，幼嫩叶红色，叶柄粗壮，观赏价值高。

19. 吊兰（学名：*Chlorophytum comosum*（Thunb.）Baker.）（图 3-25 ）

科属：百合科，吊兰属。

植物墙应用：耐半阴，喜温喜湿观叶植物，宿根草本，叶基生，狭长，能有效吸附甲醛、一氧化碳、二氧化氮和苯等有害物质。

图 3-24　橡皮树

图 3-25 吊兰

20. 鹅掌柴（学名：*Schefflera octophylla*（Lour.）Harms）（图 3-26）

科属：五加科，鹅掌柴属。

植物墙应用：观叶植物，对光照的适应范围广泛，光照的强弱与叶色有一定关系，光强时叶色趋浅，半阴时叶色浓绿，光照充足时斑叶色彩更加鲜艳。

图 3-26 鹅掌柴

21. 白鹤芋（学名：*Spathiphyllum kochii* Engl. & K.Krause）（图 3-27）

科属：天南星科，苞叶芋属。

植物墙应用：耐半阴，喜高温多湿观花观叶植物，叶片翠绿，佛焰苞白色，清新幽雅，能过滤室内空气，对氨气、丙酮、苯和甲醛都有一定吸附功效。

图 3-27　白鹤芋

22. 龟背竹（学名：*Monstera deliciosa* Liebm.）（图 3-28）

科属：天南星科，龟背竹属。

植物墙应用：喜温喜湿观叶植物，叶片大且叶形独特，卵形叶，厚革质，表面发亮，淡绿色，背面绿白色，边缘羽状分裂，侧脉间有较大的空洞。能有效吸附甲醛、苯、TVOC（总挥发性有机化合物）等有害气体。

图 3-28　龟背竹

23. 蕨类植物门（学名：*Pteridophyta*）（表 3-1）

绝大多数蕨类植物有较高的观赏价值，叶形独特，叶色青翠，能形成独特的景观；并且蕨类植物耐阴耐湿，有较强的适应性和抗性，加之管护粗放，能吸附有害物质，在室内植物墙的应用中地位重要。

表 3-1　蕨类植物推荐名录

序号	名称	科属	生长习性	图片
1	波斯顿蕨（学名：*Nephrolepis exaltata 'Bostoniensis'*）	肾蕨科，肾蕨属	耐阴，喜散射光，多年生草本，叶片羽状复叶，羽叶较宽、弯垂，呈淡绿色	
2	鸟巢蕨（学名：*Asplenium nidus*）	铁角蕨科，巢蕨属	喜温湿，株形漏斗状或鸟巢状。叶簇生，辐射状排列，中空如巢形结构，革质叶阔披针形	
3	铁线蕨（学名：*Adiantum capillus-veneris* L.）	铁线蕨科，铁线蕨属	喜温湿，耐半阴，叶互生，薄草质，叶柄紫黑色，油亮，细而坚硬如铁丝	
4	凤尾蕨（学名：*Pteris cretica* L. *var. nervosa*（Thunb.）Ching et. S. H. Wu）	凤尾蕨科，凤尾蕨属	耐阴，喜温湿，陆生矮小蕨类植物，叶近簇生，二型。叶脉羽状，叶片革质无毛	

（续）

序号	名称	科属	生长习性	图片
5	狼尾蕨（学名：*Dauallia bullata*）	骨碎补科，骨碎补属	不耐高温寒冷，小型附生蕨。根状茎长而横走，叶远生，革质，平滑浓绿，羽状复叶	
6	凤丫蕨（学名：*Coniogramme japonica* (Thunb.) Diels）	裸子蕨科，凤丫蕨属	耐阴喜温湿，中型陆生蕨，叶丛生，叶片厚纸质，卵圆形或三角形，叶柄细而坚硬，栗色	
7	石韦（学名：*Pyrrosia lingua* (Thunb.) Farwell）	水龙骨科，石韦属	耐阴，喜干燥，多年生常绿蕨类植物。叶厚革质，披针形，叶柄深棕色，基部密披鳞片	

3.3.3　植物配置的原则

不同项目对植物材料的要求有所不同，但植物墙植物配置总体来说应遵循以下几个基本原则。

1. 经济性

基于甲方和业主的需求，通常应本着经济性原则控制植物墙造价。同时考虑到植物墙植物群落的稳定性及长期效果，应选择常绿植物，并以多年生植物为佳，以减少更换植物的频率。植物材料的选择应该以日常养护管理（包括病虫害防治）简易为原则，以病虫害少、耐贫瘠、耐粗放管理的植物为主。同时应根据具体应用环境尽量选择抗性强，可耐受、吸收和滞留有害气体的植物。

优先选择当地市场能够提供，且经过人工引种驯化，或者自己培育的植物品种，这样能够大大保证植物成活率，省去长途运输费用，避免运输过程中给植物带来的物理伤害，并且为更换植物提供了便利。

2. 适用性

室内是人的主要活动空间，所以在配置植物墙所需的植物时，在满足植物生长的前提之下，应当充分考虑人的因素。

室内植物墙的植物应避免有毒、有不良气味、花粉飞扬、有毛刺的品种，以免对室内人员产生负面影响。有异味或者香味过于浓重的植物不宜使用。可能引起人体不适反应的植物也要避免选择，如一品红全株有毒，鲜艳的叶片时常引起儿童误食事件；变叶木的乳汁中含有激活 EB 病毒的物质，长时间接触有诱发鼻咽癌的可能；郁金香、含羞草均含毒碱，经常接触会造成毛发脱落。如果因植物墙效果需要而使用有毒植物，则须将其安排在室内人员尤其是儿童不易触碰的位置。

3. 艺术性

经济适用之余，美化装饰是植物墙最重要的功能。植物墙的植物配置必须依照美学的原理，通过艺术设计，明确主题，合理布局，分清层次，协调植物丰富的色彩美、形体美、线条美和质感美等方面。不仅彼此间的色彩、姿态、体量、数量等要协调，而且相邻植物的长势强弱、繁衍速度也应大体相近，防止一种植物被另一种遮盖，以避免看到墙面明显的空秃为宜。

4. 科学性

植物生活在一定的生态环境之中，光、温、水、气等生态因子对植物的生长发育都有着重要的影响。因而，要根据植物墙所处的环境，结合植物的形态特征、生长习性来进行植物配置。根据植物对光照的不同需求，在阴暗处种植耐阴植物，如绿萝、冷水花、蕨类植物等；在光照充足处选用喜阳植物，尤其是彩叶植物，在明亮光线下更显得艳丽动人，如竹芋科植物等。根据植物的形态特点选择植物墙上下层植物的品种，如向上生长的袖珍椰子，如果与向下生长的吊兰搭配，很可能会裸露较大面积的种植容器，其景观效果将大打折扣。由于植物墙的灌溉是自上而下的，使植物墙由上到下湿度递增，因此应该以植物对水分的需求为依据，在植物墙顶部选择一些耐干旱、抗性强的植物，而在下部选择喜阴湿的植物。此外，为了避免同一植物品种虫害传播过快的弊病，可采用不同的植物品种间隔种植的方法，这样也更容易形成丰富的植物墙构图。

装饰系统

植物墙的装饰系统关键在于将植物元素与其他元素合理搭配，最终形成有机的整体。形态各异、色彩缤纷的软质植物景观，与冰冷、严谨的硬质建筑景观形成鲜明的比照，能够在一定程度上使空间柔和，赋予建筑空间生机与活力，建筑与植物刚柔对比、相得益彰。

1. LOGO 植物墙

LOGO 植物墙可以用来诠释主题，经常应用在商用环境的前台、门厅，以及园区入口等地点，以突出公司的品牌、标语，突出主题。LOGO 的材料应选择与植物墙对比明显的材料，例如对于以绿色植物为主的植物墙，金属色、白色及发光字 LOGO 均被广泛应用。同时须注意调整 LOGO 的大小比例、位置角度，并配合照明（图 3-29）。

图 3-29　LOGO 植物墙

2. 水景植物墙

水景植物墙是水景与植物墙的有机结合。植物墙可与静水面、涌泉、跌水等水景元素相结合。城市的人居环境普遍缺少自然之水，不同的水景与植物墙组合起来能够产生不同寻常的意境和氛围。平缓的水流或者静水面与植物墙结合，更能烘托室内安宁静谧的气氛，植物墙倒影在水中更是别具意味；活泼、湍急的水景，例如跌水、涌泉或者喷泉与植物墙的组合则能使环境富有生机和趣味性。因而，水景与植物墙的组合应根据环境功能需求进行选择，结合灯光对水景的渲染，营造城市中森林般的山水仙境（图3-30）。

图3-30　水景植物墙

3. 复合式植物墙

仅选择幕墙的其中一部分进行植物种植；另一部分则采用其他装饰材料，营造丰富多样的植物墙景观效果，如：镜子、文化石、大理石、木材、亚克力、格栅、水幕墙、玻璃或者直接镂空留白。利用不同材质的组合，复合式植物墙能创造更为丰富的视觉效果。植物墙的边框装饰，能够很好地将植物墙框定起来，并能给人带来植物墙景观似乎是从窗外引入的自然景观的感觉，更富趣味性；镜子与植物墙的结合不但能在视觉上放大空间，也可以利用镜面的反射扩大植物墙的面积，显得空间更加富有生机，更加具有迷幻色彩；玻璃或者镂空留白的手段能使植物墙有一定的通透性；为植物墙开门开窗，能够加深景观整体的空间感，让人产生走进其中感受的冲动；如果将磨砂玻璃与植物墙结合，则能产生光影的美感，朦胧模糊，含蓄隽永；植物墙与其他植物布置形式相结合，能丰富和美化空间。此外，复合式植物墙的运用可以在一定程度上控制成本，例如用成本相对较低的文化石、装饰面等元素来装饰植物墙，就是一个有效的手段，还能起到不同寻常的效果（图3-31）。

图 3-31　复合式植物墙

3.5

氛围与风格

不同的建筑空间具有不同的功能和需求，不同功能类别的建筑空间决定其对植物墙有不同的要求。在进行植物墙设计时应充分探索、发掘植物的特色与建筑空间环境之间的关系，巧妙利用植物的形态、色彩、质感，甚至气味等方面与环境取得协调，根据不同环境需求、不同氛围风格选择不同的植物，采用不同的设计手法，创造特定氛围的植物墙景观。

按照建筑使用性质可以将建筑室内空间划分为居住空间、公共建筑两大类。

3.5.1 居住空间植物墙的设计应用

1. 门厅

门厅是迎接客人的场所，给人以先入为主的第一印象，华贵富丽、自然极简、清新雅致，都能从门厅的装饰中窥见一二。用植物墙进行门厅的绿化装饰可带来亲切放松、充满生机之感。门厅处的植物墙可适当选用暖色系植物，给人以热忱欢迎的感受，同时植物以叶形纤细、枝茎柔软、色彩清淡为宜，以缓和空间视线。要注意植物的色彩与室内墙面的对比，如淡色的墙面，应选择浓重、深色的植物；对于深色的墙面，应选择淡色的植物与之相配，通过色彩对比来体现植物轮廓。还需根据门厅处的具体光线情况选择植物，门厅里侧适宜选用耐阴植物，门厅外侧宜选择喜阳植物，必要时需添加补光灯（图 3-32）。

图 3-32　门厅植物墙

2. 客厅

客厅是休闲聚会的场所，是家庭的共享空间，绿化装饰应在总体上体现轻松自在、简单大方的格调。植物配置应力求自然质朴、简单明快，给人带来积极的情感体验。客厅的主要位置一般安排沙发，配以茶几成为交谈中心。植物墙一般作为客厅背景墙布置使用，呈围合之势，使人身心放松（图 3-33）。

3. 书房

书房作为读书学习的场所，植物墙的植物配置应以简明、清新、雅致为宜，来创造清静雅致的环境氛围，以调节神经，缓解视觉疲劳。所以书房的植物不宜选用色彩过于醒目的品种，以色彩柔和、体量适中的植物为宜。还应避免选用有毒有异香的植物，给人奋发向上的心理暗示（图 3-34）。

图 3-33 客厅植物墙

图 3-34 书房植物墙

4. 厨房、餐厅

厨房、餐厅的油烟不利于植物生长，因此可以选择抗性较强的植物，放置于远离炉灶、油烟的位置。气味浓烈或含有毒素的植物禁止应用于厨房、餐厅，如夜来香、一品红、变叶木等。可以选择种植一些可食的蔬菜，如辣椒、生菜、韭菜等，制成可食用植物墙布置在明亮的窗前（图 3-35）。

图 3-35　厨房、餐厅植物墙

5. 卫生间、浴室

卫生间、浴室普遍面积有限，且光照不足、空气湿度大。植物墙适宜选择耐阴喜湿的观叶植物，可选择对光照要求不太高的绿萝、冷水花、蕨类等植物。在卫浴空间设置小型植物墙，将绿色引入室内，惬意自然，装饰效果良好（图 3-36）。

图 3-36　卫生间、浴室植物墙

3.5.2　公共建筑植物墙的设计应用

1. 酒店、餐厅

目前许多酒店或商业场所的餐厅均选择利用植物墙提升用餐环境，吸引顾客，收效良好。在餐厅中进行植物墙装饰能够丰富、引导和分隔空间，而且比地面铺装、标识引导、实体隔断更加亲切自然、富有趣味；餐厅植物墙还可以净化空气，吸收有害气体和物质；最重要的是利用植物墙的装饰效果，突出和强化餐厅的个性和风格。餐厅的植物墙应着重营造生机盎然的氛围，令人精神振奋，利于增进食欲。因此在设计时可以适当布置色彩明快的观叶植物，也可以在餐厅里的植物墙上种植一些可食用的蔬菜，如薄荷、生菜、紫苏、黄瓜等，既能强化主题、增加绿意，又可以创造经济价值。在选择植物时最好不要用香味过浓的品种，还应避免选用带刺和有毒的植物（图 3-37）。

2. 商务办公场所

商务办公场所由于空间和养护的限制，使得平面绿化方式不易推广，而管护简

图 3-37　酒店、餐厅植物墙

易、几乎不占用空间的植物墙则十分适合商务办公场所使用。应选择净化空气、提神醒脑的植物品种来适应办公环境，选择线条舒展、色彩柔和的植物来缓解工作中的紧张情绪。大型办公建筑的入口、大厅休息处以及建筑中庭均适宜设置植物墙，植物赋予建筑空间生机，可以消减办公空间的乏味和单调（图 3-38）。

图 3-38　商务办公场所植物墙

3. 商业场所

现代商业建筑，如购物中心内的植物墙，能为室内空间带来亮点，放松购物者和游客的心情。购物中心内植物墙的功能以引导交通、划分空间为主，景观作用为辅。建筑内夜间照明、供暖不足，而白天温度高、光照充足，因此要选择抗性较强的植物。商业场所人流量大，室内空气质量差，因此应考虑抗污力强，能够吸收有害气体的植物，如吊兰、龟背竹等（图 3-39）。

图 3-39　商业场所植物墙

4. 车站、空港

在车站、空港类交通建筑中使用植物墙，需保证交通流线的通畅。可在休息区域布置植物墙，以放松候车、候机乘客的焦虑情绪，另外，可利用植物墙辅助交通指示标识，并为大尺度空间带来生机活力。由于休息室只是作短时间的休息以及候车、候机，因此室内植物景观主要体现轻松和明快的效果（图 3-40）。

图 3-40　车站、空港植物墙

5. 医疗保健场所

由于医疗保健场所对于环境的特殊要求，应注重清洁，并给病人带来积极联想，所以，植物墙一般应设置在光照充足和通风良好的公共休息区，细菌性传染病区不应布置开敞式的自然景观，以避免细菌滋生。植物宜选择枝叶形态优美舒展的植物，避免使用奇形怪状的植物，及时更换枯萎、死亡的植物，以避免病人产生消极的联想。应尽量选择有杀菌作用的植物，如吊兰、芦荟等（图 3-41）。

6. 学校教育场所

以少年儿童居多的幼儿园、中小学，其植物墙的风格应当活泼明快、充满生气，同时鼓励孩子亲近自然、热爱自然。儿童一般好奇心强、色感较单纯，喜爱一些单纯、鲜艳而对比强烈的色彩组合，因此儿童活动区的植物墙宜使用明度高、纯度高的色彩组合。朝气蓬勃的青少年，更偏爱明快、活泼的色彩组合，因此青少年活动区可考虑高明度、中等纯度的暖色运用，色彩组合应注意对比色与类似色的运用（图 3-42）。

图 3-41　医疗保健场所植物墙

图 3-42　学校教育场所植物墙

第 4 章
室内空气净化植物墙
运维系统

室内空气净化植物墙运维系统的意义及特殊性

对于室内植物墙来说，如果说植物是肉体，支撑体系是骨架，那么运维系统就是血液。室内植物墙运维系统的核心功能是为植物提供生长所需的"光""温""水""气""养"。本章将从灌溉系统、补光系统、智能控制系统三个方面来介绍室内植物墙的运维系统。

无论室内还是室外的植物墙都无法有效利用降雨，必须配有灌溉系统。部分植物墙采用非土壤基质，或者基质很少，保水性差，需要短时间、高频率地精准灌溉。有些非土壤基质的植物墙还需要注入营养液，为植物提供肥料。灌溉系统为植物输送必不可少的水分和养料，合理、精准的灌溉系统将灌溉水控制在结构体系以内，避免漏水，保证用水安全。

不同于室外，室内植物墙需要灯具进行补光，补光系统不仅可以有效地起到墙面提亮的装饰作用，更重要的是可以提供植物光合作用所需要的基本光照需求。

在某些重要的或有特殊要求的室内绿化项目当中，会经常应用具有互联网功能的智能控制系统作为统一的监测、管理工具。灌溉系统及补光系统都可集成于智能控制系统当中，同时，智能控制系统可以根据采集到的室内环境参数，通过对通风、空调等设备的控制改善植物的风环境与热湿环境。

室内空气净化植物墙灌溉系统

室内植物墙灌溉系统是满足植物墙植物需水要求的灌溉产品的集成，属于立体灌溉的范畴。室内植物墙灌溉系统需具备节水灌溉的特征，即在灌溉过程中实行高效用水、节约用水；除此之外，根据垂直绿化的特性，室内植物墙灌溉系统还要特别注重安全用水。相比农业灌溉系统而言，室内植物墙灌溉要求更加精准的定位灌溉方式，更加严格地杜绝管网滴漏，更加严格地杜绝回灌和管网污染。

4.2.1　灌溉系统的分类及部品简介

相比农业灌溉系统与市政园林灌溉系统，室内植物墙灌溉系统从体量上来讲相对较小，但 "麻雀虽小、五脏俱全"，室内植物墙灌溉系统和其他灌溉系统一样，拥有完整的组成要素：

（1）水源——自来水、水箱水。

（2）主管道——PVC、PP-R、PE 管道 。

（3）电磁阀——交流电磁阀、直流电磁阀、 控制器。

（4）支管——PE 支管。

（5）灌水器——滴头、滴箭、滴灌管、微喷头等。

（6）其他设备——过滤器、传感器、施肥器、单向阀、排气阀等。

室内植物墙灌溉系统示意图如图 4-1 所示：

室内植物墙灌溉系统总体分为两种类型：循环水灌溉系统和管网水灌溉系统。循环水灌溉系统多用于不具备排水条件或需要循环保障灌溉均匀度的植物墙；管网水灌溉系统适用于自身储水的模块植物墙和采用精准节水灌溉系统的植物墙。

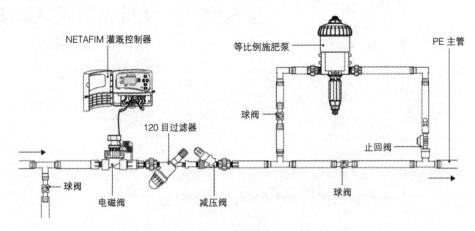

图 4-1 室内植物墙灌溉系统示意图

循环水灌溉系统包括：蓄水池（箱）、水泵、过滤器、水位传感器、控制器、输配水管、管件和灌水器等。水位传感器或液位开关可以保护水泵并提供水箱缺水信号。

管网水灌溉系统包括：总控阀、逆止阀、自动进排气阀、电磁阀、灌溉控制器、施肥器、过滤器、输配水管、管件、灌水器、集水和排水设施。根据供水管网压力和灌水器工作压力的差异，还可适当选择调压器。其中逆止阀是防止带有营养液的灌溉管网水在停止灌溉后回流或渗漏到自来水管网，造成饮用水污染。自动进排气阀有两个重要功能：一方面防止水锤现象的发生，保护管道；另一方面防止由于气体堆积造成的灌溉流量减小。

用于植物墙的灌水器包括：滴灌管、渗灌管、管上式滴头、压力补偿式滴头、滴箭、束式滴箭组、分水器等。其中滴灌管、管上式滴头、压力补偿式滴头、滴箭等灌水器有多种流量级别可以选择。

1. 水源

水源是灌溉系统的第一要素，没有水源，灌溉无从谈起。对于水源我们需要了解水源的流量、压力和水质，了解流量可以帮助我们确定灌溉分区，了解压力可以帮助我们确定压力是否可以满足灌溉需求，了解水质可以帮助我们确定过滤器的精度。

2. 管道

（1）室内植物墙常用的主管道有 PVC、PP-R、PE 管道。这三种管道都属于塑料管道，一般采用 De（管道外径）进行标识。在室外植物墙中建议采用 PP-R 或 PE 管道（图 4-2）作为主管道，这两种管道抗老化和抗低温性能要优于 PVC 管道。PVC 管道安装简单，成本较低，可以应用于常年温度高于冰点的室内植物墙供水。

图 4-2　PE 管道

（2）室内植物墙常用的支管道为小口径的 PE 管道，采用 PE 管道作为支管道主要是考虑滴头的安装。采用专用的打孔器可以将滴头快速地承插安装在 PE 支管道上。灌溉系统中用的 PE 管道一般采用两种连接方式，承插式管件（图 4-3）或者锁母式管件（图 4-4）。一般 De20 和 De16 的管道多采用承插式管件，De25 及以上的管道多采用锁母式管件。

图 4-3　承插式管件

图 4-4　锁母式管件

3. 灌水器

室内植物墙中，灌水器主要以滴灌为主，部分需要降温的墙体也会用到微喷滴灌。

室内植物墙中常见的滴灌设备有纽扣式滴头、毛管、滴箭等。纽扣式滴头的作用是保证每个出水位置出水量均衡，毛管将滴头的水引导至需要灌溉的位置，滴箭起到固定作用，在压力稳定的系统中，带有内部流道的滴箭也可以起到滴头稳流的效果（图4-5～图4-7）。

图4-5　压力补偿滴头

图4-6　滴箭

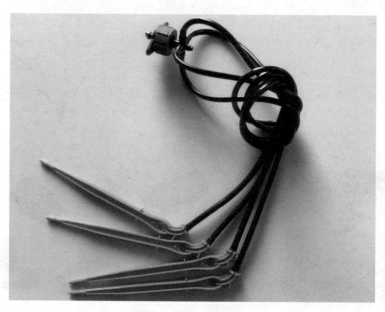

图4-7　滴头、滴箭套装

　　滴灌系统的布置：按照种植需求，均匀地将滴头安装在灌溉支管上。注意每个区域的滴头流量要与水源供水量匹配，滴头过多时要注意分区，轮流灌溉。滴头安装方式如图 4-8 所示。

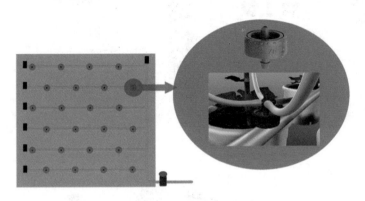

图 4-8　滴头安装方式

4. 灌溉控制设备

灌溉控制设备主要由控制器、电磁阀以及传感器组成。

　　按用电方式可分为有电源系统（交流电系统）和无电源系统（直流电系统），控制器按照设定好的程序开启电磁阀对植物进行定时、定量灌溉。

　　(1) 时控开关 + 水泵微电脑时控开关（图 4-9、图 4-10）是一个以单片微处理器为核心配合电子电路等组成的电源开关控制装置，能以天或星期循环且多时段地控制家电的开闭。

　　将水泵电源通过时控开关连接于 220V 的电源上，通过设定开关时间，控制水泵的浇灌频率，达到灌溉目的。

　　(2) 交流电控制系统主要由交流电控制器和交流电磁阀组成（图 4-11）。常用的交流电控制器用输入 220V、输出 24V 的交流电控制电磁阀开闭。一般控制器可控制最多 24 路电磁阀轮流开启和关闭，达到轮灌效果。交流电控制器与电磁阀信号线可布置达 800m 以上。变压器外置型交流电控制器、变压器内置型交流电控制器、交流电磁阀如图 4-12~ 图 4-14 所示。

图 4-9 时控开关

图 4-10 水泵

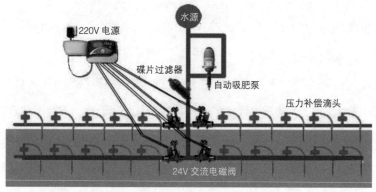

图 4-11 交流电控制系统示意图

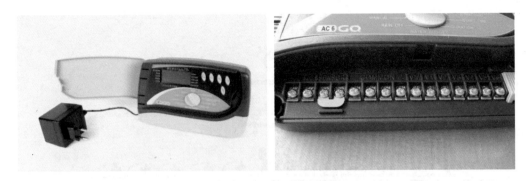

图 4-12 变压器外置型交流电控制器

图 4-13 变压器内置型交流电控制器

图 4-14 交流电磁阀

（3）直流电控制系统主要由直流电控制器和直流电磁阀组成（图 4-15）。常用的直流电控制器采用干电池供电，输出 9V 脉冲电信号开闭电磁阀，也有部分采用太阳能供电的直流电控制系统。直流电控制系统功率低、耗电少，一般控制器距离电磁阀不超过 30m。但是直流电控制系统具有安装简单、不依赖电源的特点。阀门控制器与一体式干电池控制器如图 4-16 所示。

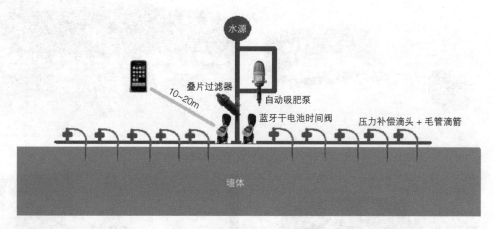

图 4-15　直流电控制系统示意图

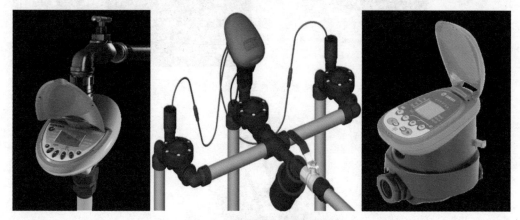

图 4-16　阀门控制器与一体式干电池控制器

（4）近年来，随着互联网技术的发展，依托物联网技术的远程实时监控、警报功能的控制系统逐渐应用在一些植物墙的设计中，物联网、多种传感器结合的灌溉控制器逐步得到了认可。

物联网灌溉控制器的特点如下：

（1）用户可使用手机、电脑远程对灌溉系统进行监控和操作。

（2）可监控水流流量，判断灌溉是否正常并根据监控数据发出警报。

（3）可监控电源情况，在断电时发出警报。

（4）可监控水箱液位，监控土壤湿度。

一种名为 GSI 的物联网灌溉控制器在很多植物墙中有所应用，其示意图如图 4-17 所示。

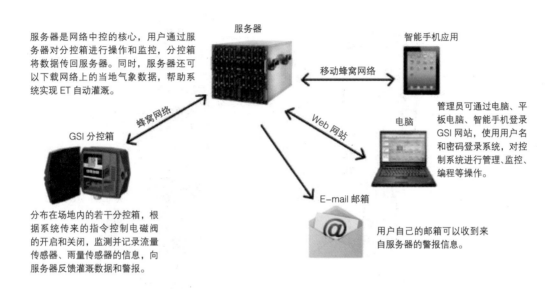

服务器是网络中控的核心，用户通过服务器对分控箱进行操作和监控，分控箱将数据传回服务器。同时，服务器还可以下载网络上的当地气象数据，帮助系统实现 ET 自动灌溉。

服务器

智能手机应用

移动蜂窝网络

蜂窝网络

Web 网站

电脑

管理员可通过电脑、平板电脑、智能手机登录 GSI 网站，使用用户名和密码登录系统，对控制系统进行管理、监控、编程等操作。

GSI 分控箱

分布在场地内的若干分控箱，根据系统传来的指令控制电磁阀的开启和关闭，监测并记录流量传感器、雨量传感器的信息，向服务器反馈灌溉数据和警报。

E-mail 邮箱

用户自己的邮箱可以收到来自服务器的警报信息。

图 4-17　GSI 物联网灌溉控制器示意图

5. 其他设备

（1）过滤器。灌溉系统中一定要安装过滤器，安装过滤器可以大大减少电磁阀故障率，降低管道以及滴头被堵塞的概率。常用的小型过滤器有网式过滤器（图 4-18）和叠片过滤器（图 4-19），建议使用叠片过滤器，过滤效果更好。

图 4-18　网式过滤器

图 4-19　叠片过滤器

（2）施肥器。植物墙墙体绿化管径小，流量低。传统的文丘里施肥器很难正常工作，而采用施肥罐又无法保证精准的肥料比例。这里建议采用水驱动施肥泵（图4-20），这种产品的优点是混肥比例精确，水力驱动无须电源，对水压和水流要求较低。

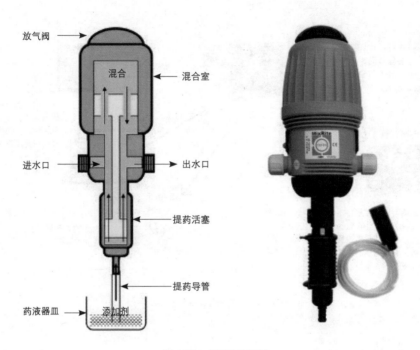

放气阀
混合室
混合
进水口
出水口
提药活塞
提药导管
药液器皿
添加剂

图 4-20　水驱动施肥泵

（3）排气阀。在高度比较高的植物墙中，水由底部输送到顶部，主管道内的空气如果不能及时排出，会影响上层的灌溉。夏季温度较高，溶解在水中的气体也会析出，在封闭的主管内如果长时间不灌溉，析出的气体会对管道造成膨胀压力，可能会破坏管道。一般高度超过10m的植物墙需要在灌溉系统最高位安装排气阀（图4-21、图4-22）。

图 4-21　排气阀

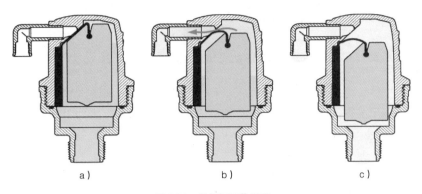

图 4-22　排气阀工作原理

a）管线处于满水状态　b）析出的空气在阀门内聚集，浮子下降，阀门打开　c）管线处于排空状态

（4）单向阀是植物墙必不可少的管道配件，安装单向阀可避免管道负压将肥水溶液吸入自来水中污染水源（图 4-23）。

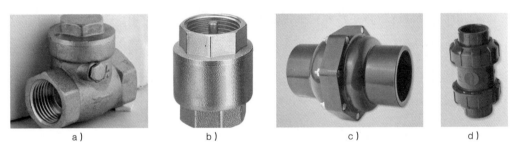

图 4-23　单向阀

a）金属卧式单向阀　b）金属立式单向阀　c）PVC 卧式单向阀　d）PVC 立式单向阀

（5）减压阀。在水压比较高的区域，需要安装减压阀，降低支管水压，防止因水压过大导致的管件损坏，以及水流不稳等状况。减压阀串联于水路中，通过旋钮调节，可以降低减压阀后方出水水压（图4-24）。

图 4-24　减压阀

4.2.2　灌溉系统相关计算

植物墙需要针对不同类别的建植方式和材料进行灌溉系统设计。根据种植基质的类型、材料密度、持水性、保水性等特点，选择不同种类、不同流量的滴灌产品。由于室内植物墙无法得到雨水灌溉，其灌溉系统的设备保障率应达到100%，灌溉均匀度应不低于85%。

1. 流量计算

（1）循环水灌溉系统的水量平衡

采用循环水灌溉系统的植物墙需要确定蓄水池或水箱的容积。需要考虑的相关参数包括：基质的体积、基质平均持（保）水率、植物耗水量、环境蒸发量和一次注满水池后需要持续的灌水周期等。

（2）管网水灌溉系统的水量平衡

利用压力管网（市政水管网）供水的灌溉系统，当水源管网压力满足灌溉系统入口水压条件时，其水量平衡涉及水源接口的给定流量和灌溉系统流量。如果植物墙设计的灌水器总流量大于管网供水流量，则需要对植物墙进行分区轮灌，即将灌水器分为若干轮灌组，依次进行灌溉。

流量的确定：如果是自来水，可以根据水源出水口管径大致估算出流量。水源出水口管径可询问甲方或实地测量（图4-25），如果使用的是水箱水泵供水，那么流量大小取决于水泵本身参数。

图4-25　管径的测量

决定流量的要素是管道截面面积和水流速度，即 $Q=SV$（Q 为流量，S 为截面面积，V 为水流速度），我们可以根据这个公式得出管道公称直径与水流量在经济流速下（1.5m/s）的互相换算关系。

根据这个公式，我们可以在实际应用中根据管道公称直径快速判断供水量，以及根据单条支管上的滴头数量算出符合供水条件的管道公称直径。

例：我们现场检查后发现水源用的是 DN20 的铁管，那么根据这个公式，我们可以算出这个水源保守的流量是 $1.7m^3/h$。不同管道公称直径对应的流量见表 4-1。

表 4-1 不同管道公称直径对应的流量

管道公称直径（DN）	DN16	DN20	DN25	DN32	DN40
流量 /（m^3/h）	1.09	1.7	2.67	4.37	6.83

如果植物墙采用 1000 个流量为 4L/h 的稳流滴头，那么其总流量就是 $4m^3/h$。而水源只能提供 $1.7m^3/h$ 的流量，那么我们需要分三个阀门进行轮灌，才能保证正常、均匀灌溉。

这个公式同样可以用来计算一条支管上的滴头数量，如：计算在 De16 的 PE 管道上装流量为 4L/h 的滴头的数量，一般 De16 的 PE 管壁厚 1mm，那么这个管道内径为 14mm。因此，$Q=SV=0.8m^3/h=800L/h$。由此可以推算出这条支管可以装 200 个滴头。

同理还反向计算，若已确定支管要装 200 个流量为 8L/h 的滴头，那么可以算出至少需要用内径为 20mm 的管道作为支管，也就是 De25 的 PE 管道。

2. 水压计算

水压对植物墙有着重要的意义。滴头有正常的工作水压要求，水压过高或者过低都会影响灌溉效果。植物墙涉及高差，灌溉水由水源到达一定高度后压力会减小，高差变小后压力会增大。所以要想做好植物墙，压力的问题一定要搞清楚。

水源处水压可以确定是否满足当前滴头的工作压力，可以确定是否满足墙体的高度，可以确定是否需要加压或减压。水源处水压的确定方法主要靠实地检测，可以通过压力表进行检测。如果是使用水箱水泵供水，那么水源处水压取决于水泵的扬程

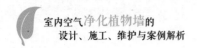

（图 4-26）。

水压常用单位：

● 公斤：全称为 公斤 / 平方厘米。

● 巴（bar）：英制压力单位，约等于 1 公斤 / 平方
厘米。

● 兆帕（MPa）：约等于 10 公斤 / 平方厘米。

换算关系：

● 1 公斤 / 平方厘米 ≈ 1bar=0.1MPa=10m 扬程（高差
变化 10m 压力就变化 1 公斤）。

图 4-26　水压表

例：植物墙高度 15m，水源在下方，若测得水压 2 公斤，那么到 10m 高度时，水
压已经小于 1 公斤，到 15m 高度时，水压小于 0.5 公斤。如果再考虑一定的管道压力损
失，过滤器、电磁阀、弯头等对压力的损失，到达上面的水压已经非常小了。

常用的滴头工作压力一般不小于 0.8 公斤，所以如果不增压，顶部一排甚至到 10m 高
度的滴头就会出现流量偏低甚至不出水的情况。

这个例子中，如果保证顶部至少还有 1 公斤压力，就需要采用增压泵将水压提高到
3 公斤左右。

相反，如果水源在上面，墙体在下面，则越往下压力会越高，每往下 10m 压力增
加 1 公斤，如果水压过大高于滴头正常工作压力，那么则需要安装减压阀等减压装置。

4.2.3　灌溉系统设计案例

植物墙的灌溉系统需根据不同容器、模块、种植毯等载体的特性设计不同的灌溉
方式。

1. 项目情况

项目名称：天津建筑科学研究院植物墙（图 4-27）。

● 植物墙尺寸：高度为 6.3m，宽度为 7.6m。

● 给排水条件：水源为市政自来水，水源压力 2MPa。植物墙下方预留 DN40 排水管接

口。接水点附近配有 220V 不间断电源。

● 植物墙载体情况：植物墙采用 VS192 壁挂式储水花盒，每个花盒的储水容量为 300mL，每行安装 38 个储水花盒，每列安装 42 个储水花盒。

图 4-27   天津建筑科学研究院植物墙

2. 灌溉系统的设计

（1）灌溉系统设计。VS192 壁挂式储水花盒可使用滴灌方式或人工浇灌方式，使花盒得到均匀的水量（图 4-28）。一次灌溉完成后，即进入虹吸式自灌溉过程。储水腔的水可保障植物多日的水分供给，从而降低灌溉频率。

植物墙灌溉系统的一般做法如图 4-29 所示（此类灌溉系统适合容器类、种植毯、种植袋等多种类别的植物墙）。

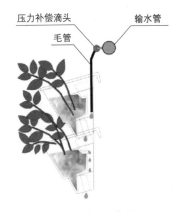

图 4-28   灌溉示意图

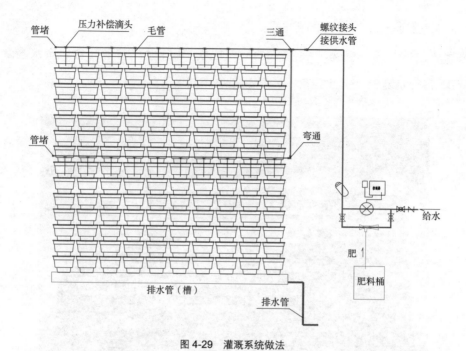

图 4-29 灌溉系统做法

（2）灌水器选择。灌溉系统中的灌水器应尽量选用压力补偿式滴头（图 4-30），可避免不同等高线的滴头流量差异；压力补偿式滴头的出口端还可配合滴箭或毛管，实现定点精准灌溉。

此类灌溉系统的设计和安装比较简单，但也应注意灌溉均匀度的问题。虽然植物墙容器带有自灌溉流道，但也需要在一定的等高线间隔上分层灌溉，这种方法可以减少容器内基质达到灌水饱和时间的差异，还可提高基质养分的灌溉均匀度。

图 4-30 压力补偿式滴头

根据 VS192 壁挂式储水花盒的容器特点，设计采用流量为 12L/h 的压力补偿式滴头。滴头出口端安装内径 3mm、长度 12cm 的 PE 软管，引水至每个容器的内部。这种流量较大的滴头流道较宽，防堵塞性能较好，适合于储水容器。

（3）灌溉用水量与水量平衡计算。为了保证灌溉均匀度，灌溉系统可分为上、中、下三个灌溉单元。

每个灌溉单元安装 38 个压力补偿式滴头，各单元流量合计为 38×12L/h=456L/h，三个单元总流量约为 1.37m³/h。

水源接口规格为 DN25，其给水流量完全满足灌溉总流量，即允许三个灌溉单元同时工作。

（4）灌溉管道水力计算。由于灌溉给水口与植物墙临近，输水管为总长度为 10m 的同径 DN25PE 管，其管道压力损失可忽略不计。

灌溉单元设计选用 De16 国标 PE 软管。各灌溉单元毛管（安装滴头的 PE 管）长度为 7.5m，外径 16mm，壁厚 1.2mm，滴头数量 38 个，每个滴头流量 12L/h，滴头总流量 456L/h。将以上参数输入"水力计算公式软件"，得出 PE 毛管的水头损失为 0.27m；阀门、管件、过滤器等局部压力损失合计为 0.7m；滴头额定工作压力为 10m 水头；灌溉管网工作压力总需求约为 11m。由于市政管网给水压力为 20m 水头，因此完全满足滴头额定工作压力下的灌溉均匀度要求。

（5）灌溉制度的确定。灌溉单元中的每一列种植容器数量为 14 个。每个容器储水量 300mL，实验测得基质饱和含水量为 48mL，则每列容器灌溉时间约为 24min（实验测得每列灌溉用时平均为 21min）。

根据植物蒸发量和基质含水量观测，储水容器当季的灌溉时间周期为 10 天。因此灌溉控制系统程序设定的灌溉周期为 10 天，每次灌溉开启时间为上午 9 点，每次灌溉结束时间为上午 9 点 21 分。

3. 灌溉首部的部件

如图 4-31 所示，该植物墙灌溉系统首部包括：总控阀、逆止阀、1"电磁阀 3 个、4 站可编程灌溉控制器 1 台、水动力比例施肥器、1"叠片过滤器 1 个。1 个 3/4"自动进排气阀安装在灌溉输水管道最高点。

图 4-31　植物墙灌溉系统首部

4.3
室内空气净化植物墙补光系统

为了减少能源消耗，植物墙最好设置在室内光线充足，或能开设窗户引入自然光的位置，如果现有条件不能满足植物墙生长需求，则需人工光源补光。灯光渲染对于植物墙有两方面的作用：一方面是植物墙的植物生理补光；另一方面是植物墙景观的渲染烘托。

灯光渲染是植物墙设计的关键，光照是植物生长的关键因素之一，同时对植物墙的景观效果起到重要的作用。光照不足会引起植株茎叶徒长，叶色变浅、发黄甚至萎蔫，还会造成植物不能正常开花结果；而光照不均匀则会导致植物长势不均衡，使植物墙缺乏整体性美感。即使是室内日照光线充足的情况下，也可利用渲染性的补光来烘托气氛，尤其是在夜间或阴暗的场所。通过灯光装饰渲染可以营造更为绚丽鲜明的植物墙立面景观（图4-32），配合喷雾装置能产生更为神秘奇幻的效果。

图 4-32　植物墙立面景观

4.3.1 植物所需光照的标准

光照是植物生长重要的因素之一。种植环境的温度或植物浇水的频率比较容易调节，但光照一般是不容易被调节的，根据实验，即使是低光照植物（表 4-2），所需最低光照强度也要达到 500Lux。

表 4-2   植物所需光照的标准

所需光照的标准	种类
低光照植物	广东万年青、墨西哥铁树、龙血树、银线龙血树、香龙血树、心叶蔓绿绒、白鹤芋、竹芋、绿萝、常春藤、皱叶椒草、合果芋
中光照植物	南洋杉、吊兰、白粉藤、苏铁、八角金盘、花叶万年青、橡皮树、夏威夷椰子、文竹、春羽、海芋、五彩芋
高光照植物	变叶木、观音竹、球兰、虎尾兰、仙人掌、多肉植物

4.3.2 补光灯分类

可以使用 LED 灯、高压钠灯和金卤灯对植物墙进行补光。相较于高压钠灯和金卤灯，LED 灯可节能 60% 以上，并且不易发热，更安全，寿命更长，根据实验，如使用 LED 灯为植物墙补光，每平方米功率要求达到 30W 以上。植物墙常用的 LED 灯包括以下几种：

1. 轨道射灯

轨道射灯的一大特点就是能在轨道上灵活地移动，并能改变照射的方向，能点状投射、局部照明。轨道射灯性价比较高，具有价格优势。植物墙补光使用的轨道射灯一般为 30~40W（图 4-33）。

图 4-33   轨道射灯

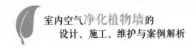

2. 象鼻灯

象鼻灯就是形似象鼻，以嵌入的方式安装于天花板的灯具。象鼻灯的优势在于不会因灯具的设置而破坏吊顶的完整统一性，能够保持室内装饰的整体协调性，外观更显高端。植物墙补光使用的象鼻灯一般为30W、35W和40W（图4-34）。

图 4-34　象鼻灯

3. 泛光灯

泛光灯可以向四面八方照射，散射角较大，能制造出高度漫反射、无方向、无清晰轮廓的光束。植物墙补光使用的泛光灯一般为100~300W（图4-35）。

图 4-35　泛光灯

4. 线性洗墙灯

　　线性洗墙灯又称线性 LED 投光灯，能让灯光像水一样洗过墙面，均匀照射墙面，具有节能高效、色彩丰富、使用寿命长等特点。植物墙补光使用的线性洗墙灯一般为每延米 12~36W（图 4-36）。

图 4-36　线性洗墙灯

4.3.3　灯光渲染效果

　　植物墙灯光的渲染分为两个部分。

　　一是光源的渲染，即直接照射于植物墙上的光线。曾有相关从业人员推荐使用红蓝光补光，但这种光线只是相对于白光更节能，其渲染性实则并不好，红蓝光复合成紫色光线，在室内使用，会给人带来消极阴郁之感；当前国内外植物墙普遍使用正白光，正白光包含了红蓝光，相对于黄光对植物的生理补光效率更高。

　　二是补光的渲染。补光能更加烘托植物的色彩和质感，强烈的光线能使植物的明暗对比强烈、色彩更为鲜明、整体质感粗犷；而柔和的光线能使植物的明暗对比减弱、色彩柔和、氛围宁静，植物墙整体的肌理也趋于精细。

　　灯光渲染之美的另一方面在于灯具本身的美感，灯具本身的装饰性和艺术性在一定程度上能给植物墙起到画龙点睛的作用（图 4-37）。

图 4-37 灯光渲染下的植物墙

室内空气净化植物墙智能控制系统

以往的立体绿化控制一般使用时控开关，用于灌溉、补光等方面，功能单一、相对独立，是分散的自动控制装置。这些远远不能满足人们对远距离、大规模、多区域的立体绿化系统的控制要求。

具有互联网功能的智能控制系统的应用，将立体绿化控制系统与智能家居控制系统相结合，可以采集、存储实时环境参数、集中管理、控制相关设备、结合立体绿化，改善室内外小区域环境。

4.4.1 智能控制系统的基本功能

1. 实时状态查询

智能控制系统的实时状态查询功能是指可以实时采集现场影像、监测现场各种环境参数（如光照度、温度、湿度、土壤湿度、水位、二氧化碳、甲醛、PM2.5 等污染气体浓度）和相关设备（如水泵、电磁阀、补光灯、空调、遮阳等）的开关实时状态（图 4-38）。

当传感器采集到的现场环境参数超过所设定的数值范围的时候，控制系统可以报警，提醒维护人员或者控制端对

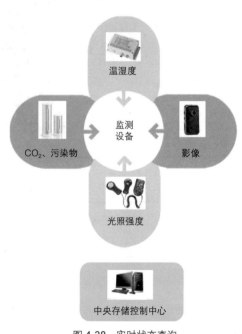

图 4-38 实时状态查询

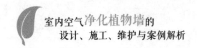

出现的问题进行处理。

2. 智能控制

控制系统可以智能控制相关设备（如水泵、电磁阀、补光灯、空调、遮阳等）的开关，控制策略有三种，第一种策略是在控制端强制开启和关闭设备；第二种策略是在控制端编程设定相关设备的开关时间，使设备按拟定好的程序自行开启和关闭；第三种策略是根据检测到的环境参数（如土壤湿度、二氧化碳浓度等）自动判断相关设备（如水泵、风机等）的开启和关闭（图4-39）。

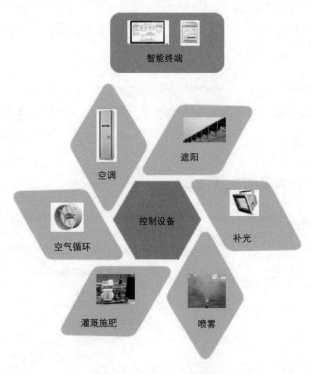

图 4-39　智能控制相关设备

3. 云数据存储分析

控制系统所有的状态信息都可以通过互联网上传至云端服务器，可以实现历史数据的存储与查询。还可以通过应用大数据技术，利用若干控制器收集的数据进行大数据分析。

4.4.2 智能控制系统的构成

1. 硬件架构（图 4-40）

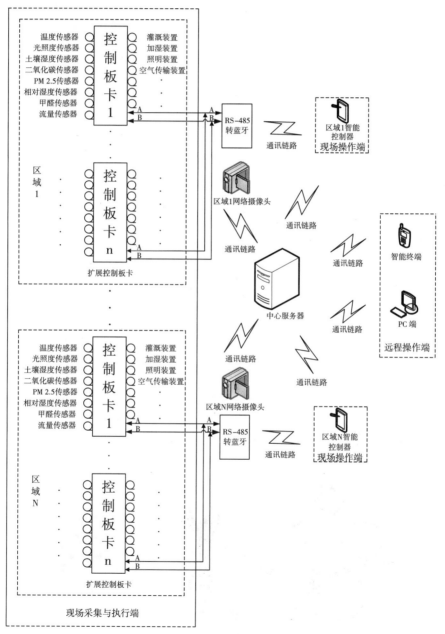

图 4-40 硬件架构

2. 软件流程框图（图4-41）

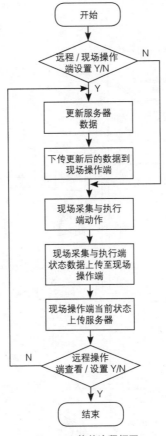

图 4-41　软件流程框图

4.4.3　智能控制系统实例（立体绿化管家）（图4-42）

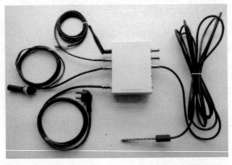
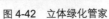

图 4-42　立体绿化管家

1. 实时状态查询

"立体绿化管家"实时状态查询可以实时采集现场影像、温度、湿度、土壤湿度、水位以及相关设备水泵、补光灯的开关状态。当水位过低时，控制器将报警提醒（图4-43）。

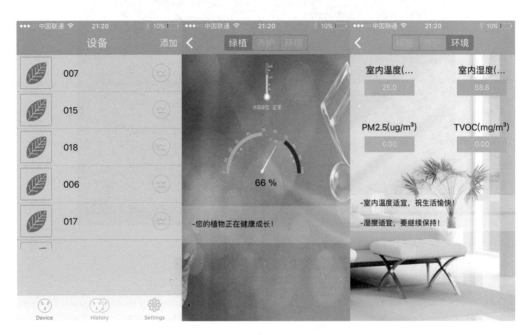

图 4-43   实时状态查询

2. 智能控制

"立体绿化管家"可以在控制端强制开启和关闭设备，也可在控制端编程设定相关设备的开关时间，使设备按拟定好的程序自行开启和关闭。"立体绿化管家"还可以根据检测到的土壤湿度参数自动开启水泵进行补水（图 4-44）。

3. 云数据存储分析

"立体绿化管家"可以实现历史数据的存储与查询，并对历史数据进行后期的统计和大数据的开发（图 4-45）。

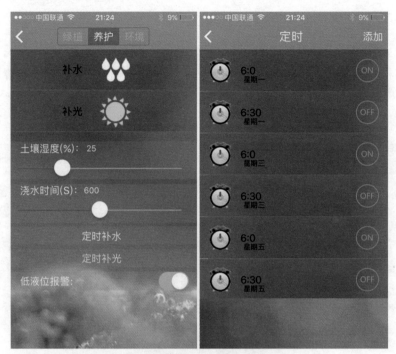

图 4-44　智能控制

图 4-45　历史数据查询

第5章

室内空气净化植物墙
案例解析

5.1
种植袋式植物墙案例解析

5.1.1 项目简介

陕西景画园林工程有限公司室内植物墙项目本项目位于西安市司马村，陕西景画园林工程有限公司办公楼内。墙面面积约 38m²，共两面墙体，一面位于董事长办公室，面积为 19m²，另一面位于会议室，面积为 19m²。由中国建筑技术中心立体绿化研发团队组织施工（图 5-1）。

● 项目名称：西安市司马村陕西景画园林工程有限公司植物墙项目。

● 项目地点：西安市司马村陕西景画园林工程有限公司办公楼。

● 完成时间：2015 年 10 月 18 日。

● 项目基本信息：墙面长 6.6m、高 2.85m，两面墙尺寸相同。

图 5-1　西安市司马村陕西景画园林工程有限公司植物墙项目

5.1.2　方案阶段

1. 现场勘测

（1）勘测内容

1）甲方具体需求。

2）项目地点及交通流线。

3）墙面现状及尺寸。

4）现场采光情况及水电供给状况。

5）冬季供暖情况及室内温度。

6）确定进场日期。

现场勘测完毕，填写《项目调查表》（附录 A）并归档，以便项目进展过程中各部门相互协调工作。

（2）现场情况

1）墙面长 6.6m、高 2.85m，两面墙尺寸相同，面积共 38m²。

2）水源较远，无下水。

3）光线条件一般。

4）人为的物理伤害较少。

5）需要安装"立体绿化管家"（植物墙远程监控设备）。

2. 方案设计

（1）施工工艺的选择。本项目甲方要求造价、养护成本较低，植物生存时间长、后期表现好，并要求智能控制。因此选择种植袋作为种植容器，其特点是提供植物根系足够的生长空间，植物可以长期生长，维护成本较低。

（2）运维系统的设计。种植袋型植物墙一般采用顶端水幕灌溉的方式，即在植物墙顶端安装一根灌溉水管，采用大流量滴头，灌溉水经过种植袋背面的无纺布渗透到整个墙面，达到浇灌的目的（图 5-2）。本项目现场的水源较远，并且现场装修已经完毕，不具备排水条件，因此采用循环水灌溉的方式，定制不锈钢蓄水箱，水泵辅助增

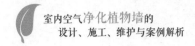

压，采用种植袋顶层滴灌的灌溉方式。

　　本项目植物墙采用单行 40 盆植物，为了保险起见，每盆植物使用两个滴头，共 80 个滴头，每个滴头流量约为 30L/h，总流量约为 2400L/h。选择 7.5m 扬程、流量 5000L/h 的潜水泵，以保证流量充足，水泵入水口需安装叠式过滤器，确保杂质不会堵塞滴头。

图 5-2　灌溉点位布置示意图

　　为了保证植物受到的平均光照强度大于 500lx，每平方米需要补充 30W 以上的白光 LED 照明灯，本项目选用 35W PAR 光源 LED 轨道射灯（图 5-3）由于植物墙墙面面积约为 38m²，因此，本项目共需要 LED 轨道射灯 38 盏。

图 5-3　LED 轨道射灯

在密闭的室内，空气较为静止，植物易生病。为了加强空气流动，使植物健康生长，同时促进空气与植物的有效接触，本项目采用轨道风扇打造室内空气微循环系统，风扇随射灯同时开启，风沿植物墙对角线贴近植物墙行进（图 5-4）。根据伯努利原理，植物根系附近的空气由于负风压被抽出，从而促进植物墙附近空气的流动，保证植物健康存活，加强植物墙对室内环境的改善作用。

图 5-4　轨道风扇

本项目甲方要求实现全自动监测、远程控制，便于日常养护，因此选用 "立体绿化管家" 植物墙智能管理设备对植物墙进行远程监控，控制补光设备以及灌溉设备的开启时间。

（3）植物墙效果设计。在方案设计过程中要考虑植物颜色、生长形态、生存习性等特点，本项目采用将植物颜色及叶片形状进行搭配的方式，以曲线造型构成整体方案设计，体现有规则的重复韵律和统一的曲线美。波纹形的植物配置在视觉上具有较强的引导性，能够加强建筑立面的动感（图 5-5、图 5-6）。

图 5-5　办公室植物墙效果图

图 5-6　会议室植物墙效果图

（4）植物配置。根据现场光照、温度等情况选用耐阴、耐旱、生存能力较强的植物。本项目采用了如下植物：白鹤芋、绿萝、鸟巢蕨、矾根、袖珍椰子、鹅掌柴、波斯顿蕨、金边吊兰等（图 5-7、图 5-8）。

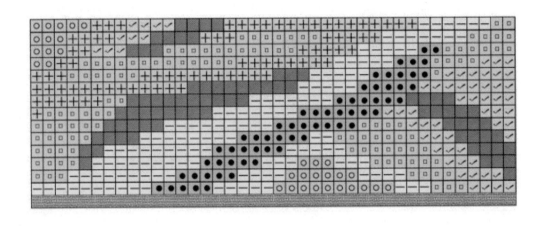

绿萝　32	― 金边吊兰　130	✓ 袖珍椰子　61
▫ 白鹤芋　115	■ 鸟巢蕨　78	
✛ 矾根　82	● 鹅掌柴　62	

图 5-7　办公室植物种植布置图

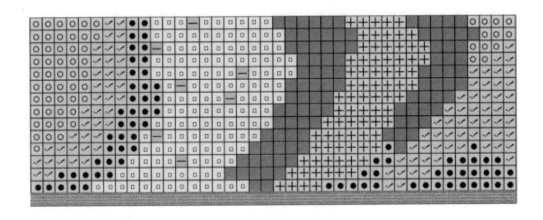

◎ 袖珍椰子　61	― 鸟巢蕨　7	✛ 鹅掌柴　80
✓ 白鹤芋　96	▫ 绿萝　138	
● 金边吊兰　74	■ 波斯顿蕨　104	

图 5-8　会议室植物种植布置图

（5）布袋式植物墙剖面结构图、不锈钢水箱加工图（图 5-9、图 5-10）。

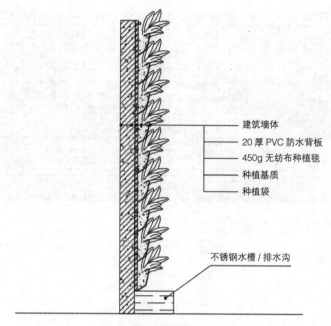

建筑墙体

20 厚 PVC 防水背板

450g 无纺布种植毯

种植基质

种植袋

不锈钢水槽 / 排水沟

图 5-9　布袋式植物墙剖面结构图

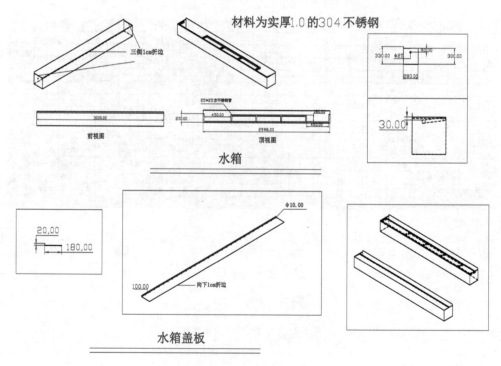

材料为实厚1.0的304不锈钢

三侧1cm折边

前视图

顶视图

水箱

20.00

180.00

Φ10.00

100.00

向下1cm折边

水箱盖板

图 5-10　不锈钢水箱加工图

3. 施工组织

在进场施工之前需要确定进场时间，提前办理施工证和动火证，安排好施工人员及运输车辆，做好施工组织。

本项目预计工期为两天，施工包括：不锈钢水箱、防水层材料、种植层材料、植物、灯具、控制系统。现场施工主要以支撑系统、运维系统及植物的安装为主。具体流程如图 5-11 所示。

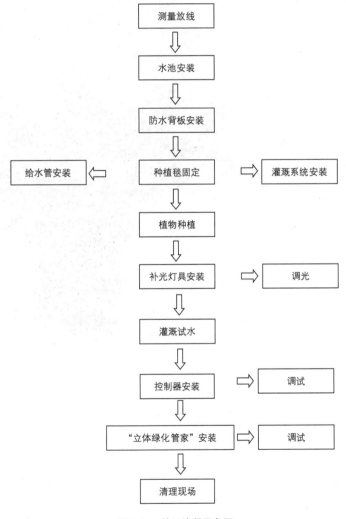

图 5-11　施工流程示意图

5.1.3 现场施工

1. 施工准备

(1) 植物准备。根据植物种植布置图采购植物（本项目因在西安当地采购，部分植物无现货，所以进行了适当的调整），白鹤芋 120 盆、豆瓣绿 150 盆、羽衣甘蓝 40 盆、橡皮树 120 盆、鸟巢蕨 80 盆、春芋 80 盆、袖珍椰子 180 盆、鹅掌柴 180 盆、波斯顿蕨 150 盆、龟背竹 50 盆、吊竹梅 80 盆、金边吊兰 150 盆。

(2) 基质处理。由于市场采购的植物基质可能含有病菌或虫卵，需将植物原有基质更换为调配好的营养土，基质还需用多菌灵浸泡进行杀菌，更换了基质的植物需要套上黑色基质袋，目的是便于植物的种植和更换，以节省人力成本。基质袋为超薄无纺布材质，结实耐用，透水透气，植物根系可穿透（图 5-12）。

图 5-12　栽植于黑色基质袋中的绿萝

(3) 材料准备。根据图纸加工不锈钢水箱，其他材料包括种植袋 [PET 针刺无纺布材质，每平方米 36 个 (6 个 ×6 个)]、2cm 发泡 PVC 防水背板、PE 灌溉管（ϕ25）、弯头、堵头（ϕ25）、可拆洗滴头、功率 280W7.5m 扬程超静音水泵、补光灯（6000K、35WLED）、轨道射灯、打孔器等（图 5-13~ 图 5-21）施工所需工具及材料见表 5-1、表 5-2。

图 5-13　水泵

图 5-14　PE 灌溉管

图 5-15　滴头

图 5-16　管箍

图 5-17　堵头

图 5-18　弯头

图 5-19　三通

图 5-20　轨道射灯

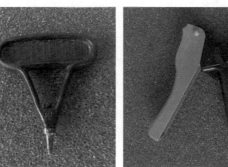

图 5-21　打孔器

表 5-1　施工所需工具

编号	名称	编号	名称
1	剪刀	9	手动钉枪
2	壁纸刀	10	气钉枪
3	螺丝刀	11	钢卷尺
4	钳子	12	打孔器
5	活动扳手	13	试电笔
6	管钳	14	记号笔
7	管刀	15	密封胶枪
8	扁铲	16	水平尺

(续)

编号	名称	编号	名称
17	梯子	21	电锤
18	拉铆枪	22	电钻
19	电箱	23	热熔机
20	气泵	24	角磨机

表 5-2　施工所需材料

编号	名称	规格	编号	名称	规格
1	透明胶带		19	内丝直通	4 分
2	生料带		20	变径	一寸转 6 分
3	电工胶布		21	多菌灵	
4	U 形钉	16mm	22	护花神	
5	气排钉	35mm	23	水泵	7.5m 扬程
6	电线	2.5 平方	24	PE 管	$\phi25$
7	密封胶	中性白色	25	PE 管件	$\phi25$
8	密封胶枪头		26	管箍	
9	铆钉	25mm	27	滴头	
10	插头		28	灯具轨道	2m
11	角阀	4 分	29	轨道射灯	35W、LED
12	水位平衡阀	4 分	30	轨道直接	
13	自攻钉	15mm 黑色	31	气管	8mm
14	螺钉	5cm、8cm	32	PP-R 管	$\phi20$
15	膨胀螺栓	6mm、8mm	33	PP-R 管件	$\phi20$
16	气管接头	4 分 8mm	34	阳角线	
17	过滤器	1 寸	35	时控开关	
18	L 形支架		36	立体绿化管家	

2. 支撑体系施工

（1）安装不锈钢水箱。将不锈钢水箱与墙面贴紧放置，可用螺钉将不锈钢水箱与墙体加固连接。不锈钢水箱两侧包边螺钉固定于墙体之上，底端与不锈钢水池两侧用拉铆钉连接固定（图 5-22）。

（2）安装防水背板。将 20mm 微发泡 PVC 防水背板插入水箱，靠紧墙壁，用 8mm 膨胀螺栓，将 PVC 板固定在墙体上，保证防水板之间、板与侧包边拼接紧密，拼接缝及胀栓帽处使用中性防霉硅酮密封胶密封（图 5-23）。

要求：防水背板紧贴墙面，稳固无明显晃动。密封胶密封涂抹匀实，无孔洞、无遗漏。

图 5-22 拉铆钉连接水池与水箱

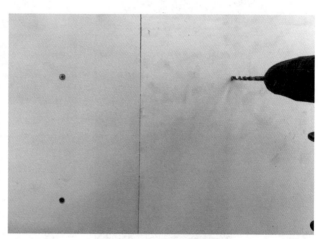

图 5-23 安装防水背板

（3）固定种植毯。待密封胶完全凝固后，用 U 形钉将种植袋固定于防水背板上（图 5-24）。

要求：种植毯衔接处相互搭接、衔接密实，确保种植毯平整牢固。

3. 运维系统安装

（1）灌溉系统安装。将水泵前端入水口连接叠式过滤器，过滤器叠片不可朝上放置，以免由于气体留存影响泵水量，水泵在水池一端放置，灌溉管布置于墙体顶端，对应每列种植袋上方插两个大流量滴头，将灌

图 5-24 固定种植袋

溉管包裹于最上层剪开的种植带内。将水源与水位平衡阀用 8mm 气管连接，便于走管和隐藏（图 5-25~ 图 5-27）。

图 5-25　过滤器安装

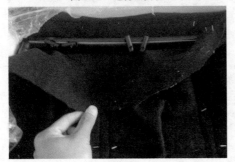

图 5-26　在灌溉管上安装滴头

图 5-27　水位平衡阀

（2）补光灯具安装。本项目选用 35WLED 射灯，轨道与墙面垂直距离在 80~120cm 范围内。需保证墙面整体能被射灯均匀照射，无光斑、无阴影（图 5-28）。

（3）智能控制设备安装。在手机中安装"立体绿化管家"APP，参考相关设备使用说明，将补光设备与水泵连接于控制器（图 5-29、图 5-30）。将土壤湿度传感器插入植物基质，将水位传感器固定于水箱内。

图 5-28　射灯安装

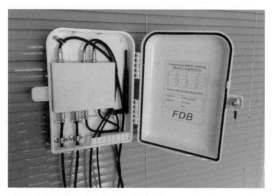

图 5-29　"立体绿化管家"安装

图 5-30　立体绿化管家

4. 植物种植

按照植物种植布置图，将植物装进种植袋内，将植物斜向上种植（图 5-31）。

要求：植物完全遮盖种植毯及无纺布基质包。

图 5-31　植物种植

5. 检查及调试

清理水箱。清理水箱中的杂物和垃圾。

打开水源。向不锈钢水箱中注水，检查水箱的水密性（如有漏水现象，停止供水，将水池中的水放出，擦干，用密封胶重新对水箱进行防水密封）。

在确认水箱不漏水的情况下，向水箱中注入约 2/3 的水量（图 5-32），打开控制器向水泵和补光灯通电，检查是否能正常工作。如能正常工作，观察并记录植物墙灌溉末端种植毯浸湿所用的时间（本项目为 12 分钟）。

要求：在无漏水的情况下，整个植物墙所有种植毯须全部浸湿（如果发现有灌溉不到的位置，应检查滴头是否安装不当或遗漏）。

图 5-32　注水

在水箱中加入营养液和多菌灵，再次打开水泵。第一次灌溉时间应为15~30分钟，确保将每株植物土壤浇透。

在手机"立体绿化管家"APP中设定灌溉时间：水泵开启频率设置为一周2~3次，每次12分钟；补光灯开启时间设定为每日10小时（在光线条件不好的空间，补光时间应适当加长）。

清理施工现场，填写施工完成交付表并由甲方签字，与植物墙照片一同存档留底。

5.1.4　项目效果展示（图5-33~图5-35）

图 5-33　会议室植物墙实景照片（1）

图 5-34　会议室植物墙实景照片（2）

图 5-35　办公室植物墙实景照片

柱形种植毯式植物墙案例解析

5.2.1 项目简介

　　南京水平方商业广场位于南京市夫子庙商业圈的核心地带，由江苏亚东建设发展集团有限公司投资建设，项目整体设计由美国建筑设计公司 MIX 担纲，由日本商业规划顾问公司 CCD 担任商业规划顾问。建筑外形的创作灵感源于南京特产雨花石，以五彩缤纷的各类宝石造型，演绎出变化多端和有趣的形体（图 5-36）。

图 5-36　南京水平方商业建筑

建筑中庭的中部位置设计了
由绿植包裹的"生命之树"立体
绿化柱，贯穿建筑内部，是商业
广场的核心景观（图 5-37）。由南
京万荣园林实业有限公司立体绿
化研发团队对原方案进行深化，
并组织实施施工和后续养护管理
（图 5-38、图 5-39）。

● 项目名称：南京水平方建筑中
庭"生命之树"立体绿化柱。

● 项目地点：南京水平方商业
广场。

● 完成时间：2013 年 12 月 20 日。

● 项目基本信息：绿化柱直径
2.2m、高 28m、面积共 180m²。

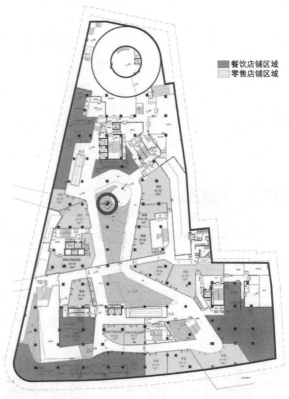

餐饮店铺区域
零售店铺区域

图 5-37 "生命之树"立体绿化柱位于建筑内部
的核心位置

图 5-38 最初设计效果

图 5-39 完工后绿化效果

5.2.2　方案阶段

1. 现场勘测和对接

本项目与新建建筑同步设计和施工，现场勘测包括原始图样尺寸复核、拍照、了解现场情况等（图 5-40）；对照甲方提供的建筑图样了解现场实际情况，测量现场尺寸，标出与图样不符的位置；影像资料收集、拍照。施工前与设计师沟通，深入了解设计意图（图 5-41、图 5-42）；与现场的主体结构施工队、水电施工队、装潢施工队进行多方沟通，了解他们的各自施工进度并协调配合各工种。

2. 工艺选择和方案深化

（1）绿化柱的工艺选择。在商业空间做

图 5-40　主体结构完成后的柱体

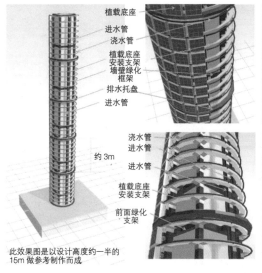

植载底座
进水管
浇水管
植载底座
安装支架
墙壁绿化
框架
排水托盘
进水管

浇水管
进水管
进水管
植载底座
安装支架
前面绿化
支架

约 3m

此效果图是以设计高度约一半的
15m 做参考制作而成

图 5-41　最初设计施工工艺

浇水管

节点照片 1

节点照片 2

图 5-42　最初设计效果模型

一根高度近30m（约10层楼高）的立体绿化柱。据日本设计师介绍，当时亚洲还没有类似案例，所以选择工艺和施工方案都需要非常谨慎，充分考虑各种不可控因素（图5-43~ 图5-46）。

1）施工安装时间很短，其他装修没有结束，没有水源，灰尘污染严重，无法保证植物存活。

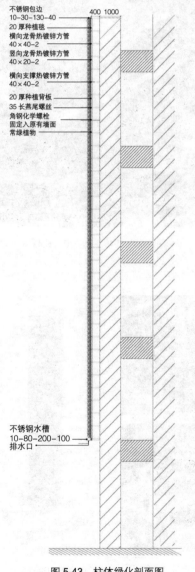

图 5-43　柱体绿化剖面图

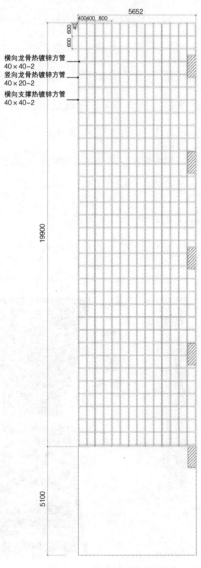

图 5-44　柱体绿化龙骨展开图

2）日常养护难度比较大，表现在高度上和时间上，高度上需采用垂直的绳索牵引
升降机，时间上必须是营业时间结束，晚上 10 点以后。

3）要求植物生存时间长，并要求控制造价及养护方便。

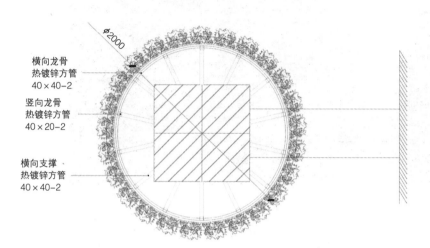

图 5-45　柱体绿化顶视图

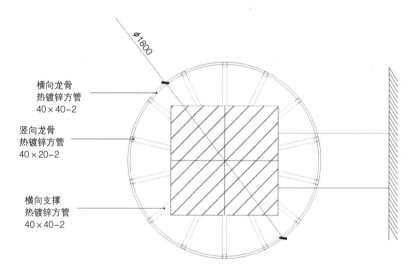

图 5-46　柱体绿化龙骨顶视图

最后确定以改良种植毯为柱体栽培基础结构，种植层以单体种植袋的形式，提前
在基地预培成熟的苗木（图 5-47）。

图 5-47　种植袋植物
预培

（2）浇灌与控制。浇灌水源采用在顶层卫生间专门预留的水源接口，控制系统和施肥系统也同时安装在顶层的工具间。所有管线在装修时预留在墙体或地坪下面。

灌溉管网的布置按高度由上而下分为 4 组，分别由 4 个电磁阀进行控制，每组灌溉管和滴头按螺旋状排列，电磁阀和滴头采用性能稳定的进口产品（图 5-48）。施肥系统采用了水肥一体的自动加肥系统，施肥泵为以色列产的等比例水动力泵（图 5-49）。

控制系统采用灌溉专用控制器，预先设置参数，控制器按程序自动打开电磁阀浇灌。由于造价原因没有安装远程监测和控制系统。

（3）植物配植设计。根据现场光照、温度、通风等情况选用耐阴、耐旱、生存能力较强的植物。

图 5-48　柱体绿化灌溉图

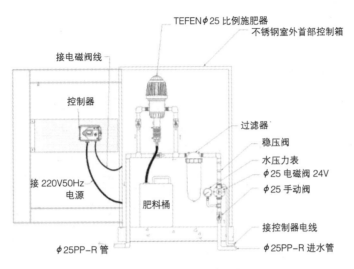

图 5-49　柱体绿化首部控制箱图

本项目采用如下植物：合果芋、巴西木、吊竹梅、白鹤芋、绿帝王蔓绿绒、小天使蔓绿绒、袖珍椰子、花烛、金边吊兰、鸟巢蕨、五彩千年木、紫边碧玉、鹅掌柴、波斯顿蕨、多孔龟背竹、橡皮树等（图 5-50）。

在方案设计过程中，既考虑了绿化柱的整体效果，也充分考虑了每个楼层的不同的观赏角度；同时对植物颜色、叶片形态、生活习性等特点进行了分析，在保证植物高存活率的前提下，以较高的审美标准完成绿化柱的方案设计。为迎合建筑整体变化多端和有趣的形体，在整体绿植形态设计上采用了简洁明快的不规则曲线造

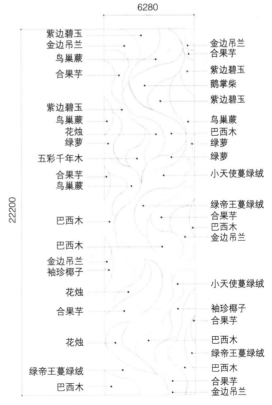

图 5-50　柱体绿化种植图

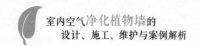

型分块。植物选择上以常绿植物为主，穿插点缀块状彩叶植物，并根据植物叶片色彩及形状进行搭配，整体方案美观大方。

3. 合同签订与施工组织设计

（1）图纸会审、签订合同、将方案及概算交业主审核。根据业主意见，优化整体板块布局，调整植物配置。经业主确定后进行具体的预算，工作量精准测算，综合单价充分考虑未知因素。施工图绘制前设计师到现场再次对现场进行尺寸复核，绘制出准确的施工图。根据图样和材料清单，签订施工安装合同。

（2）设计交底、现场复核、施工组织设计、确定项目经理、与设计师沟通、与业主沟通。设计师组织设计交底，项目经理拿到图之后进行认真读图，提出设计方案在施工中可能会出现的问题。项目经理在设计师的带领下进行现场勘查，进行现场交底，项目经理对现场情况复核。项目经理与业主、总包单位现场施工人员沟通，了解现场情况，编写施工组织设计。

5.2.3 现场施工

1. 施工准备

（1）根据植物种植布置图和清单采购植物。将植物栽植进预先加工好的定制种植袋中，加入调配好的营养土，加工制作圆弧龙骨、弧形背板、弧形水槽等。

（2）根据现场复核尺寸，按照图样设计，计算材料，根据不同材料适当放量作为损耗，统计汇总材料单，安排材料进场计划，材料种类、数量、规格、时间安排到各采购责任人。

（3）准备施工用的工具、材料和设备。根据现场条件，室内装修脚手架与业主商量共用，完成基础龙骨安装，再采用吊篮进行植物种植。材料运输通过电梯和垂直升降吊篮。

（4）确定进场时间，提前与管理方（或总包）办理出入证和施工许可证。

（5）安排施工人员及运输车辆。

2. 施工过程管理

（1）安全管理。由于本项目施工高度达 28m，编制的施工组织设计中应有脚手架搭设、吊篮使用等专项安全方案。指定专职安全员，在施工前按照相关规定进行三级安全教育，进行安全交底。施工中要采取严格的安全防护和劳动保障，不采取安全措施不得进行施工，并有相应的违反安全规定的处罚。

（2）质量管理。墙体绿化施工常规的钢材、板材等材料由分包进行包工包料，在签订分包合同时，需进行样品的提供，进场材料按样验收。施工中质量控制、过程管理是施工质量管理的关键。在安装过程中，现场施工员要进行抽检，如焊接处的焊渣处理、防锈处理，背板安装时防水胶的严密性，灌溉施工时管道焊接的牢固度，苗木种植安装时钉子的牢固度及钉子的位置。

（3）资料管理。材料堆放在业主指定的地点，码放整齐。部分材料，如植物，为了防盗，需分批进场，并在收工时采取必要的覆盖遮挡。现场材料要由专人详尽地记录在施工日记中。施工资料、签证单等资料由专人负责管理。

3. 施工流程与步骤

本项目现场施工预期工期为 7 天，现场施工工作有：圆弧龙骨的焊接安装、弧形背板的安装、定制水槽的安装、种植层基础材料安装、灌溉管网安装、种植袋安装、控制系统调试。

（1）支撑系统安装

1）在现浇混凝土立柱上放线，安装固定支撑钢板，然后由下而上安装工厂加工好的圆弧龙骨，最后用竖向龙骨连接相邻的圆弧龙骨，形成稳定的龙骨支撑网（图 5-51）。

2）弧形水槽的安装。龙骨安装结束后在横梁位置和下口安装定制的排水槽。

3）安装防水背板（防水背板采用 2cm 高密度微发泡 PVC 板）。将 PVC 板固定在弧形龙骨上，PVC 板相互挨靠紧密，减小缝隙并用密封胶密封接缝（图 5-52）。

图 5-51 圆弧龙骨

图 5-52 PVC 板固定

4）种植毯安装。待密封胶完全凝固后，用 16mmU 形气枪钉固定种植毯。要求：种植毯衔接处衔接密实，无明显缝隙，确保种植毯平整牢固地固定在防水背板上（图 5-53、图 5-54）。

（2）灌溉系统安装及调试

1）灌溉管网安装。根据设计图样，用连接件将 PE 灌溉管连接，形成一个管网系统，灌溉管由绿化柱的钢结构内侧走线，在每组的最上一层出管，螺旋向下排布。给排水系统隐藏于种植毯内，以保证整个绿化柱的美观性。

2）安装灌溉滴头。在横向灌溉管上打孔安装灌溉滴头，每个种植袋上方对应 1 个滴头。滴头安装完毕用长条种植毯包裹灌溉管并用 U 形钉固定。

3）安装电磁阀、减压阀、空气阀和排水阀。在每组灌溉管网的入口分别安装电磁阀和减压阀，在最高点安装空气阀、最低点安装排水阀。

4）安装首部和控制系统。将成品首部接入系统进水口，并接上水源。将电源与控制器连接，控制器再连接到电磁阀上。

灌溉系统安装完成，要打开水源和电源进行灌溉测试和调试，在测试完成后要进行试运行，确保没有问题的情况下再进入下一道安装工序。

图 5-53　基础施工脚手架

图 5-54　完成种植毯基础

（3）植物种植及清理

1）放线。按照植物种植布置图，在种植毯表面进行区划放线。

2）安装种植袋。将种植袋由上而下、分品种安装到种植毯基层上，并用 U 形钉固定牢固。要求固定后种植袋背面平整，结合紧密（图 5-55～图 5-59）。

图 5-55　安装种植袋（1）

图 5-56　安装种植袋（2）

图 5-57　安装种植袋（3）

图 5-58　安装种植袋（4）

图 5-59　安装种植袋（5）

3）整理种植袋。初步安装完成后要对种植袋进行整理。

4）调整控制时间。初期记录每次灌溉的开启和结束时间，观察并确定合适的灌溉时长。要求整个绿化柱所有的种植袋都能湿润。

5）清理施工现场，填写施工完成交付表并由甲方签字，与绿化柱照片一同存档留底。

5.2.4　项目效果展示（图 5-60~图 5-63）

图 5-60　全景效果（1）

图 5-61　全景效果（2）

图 5-62　局部效果（1）

图 5-63　局部效果（2）

5.3

雨林型植物墙案例解析

5.3.1 项目简介

- 项目名称：雨林·孕育。
- 项目地点：深圳铁汉生态环境股份有限公司总部大楼 7 楼。
- 项目基本信息：面积约为 $11m^2$。
- 施工单位：深圳市铁汉一方环境科技有限公司。

5.3.2 方案阶段

为打造鱼、水与景共赏的立体微观热带雨林景观，本项目将地上部分的景观用雨林附生植物打造，在自然状态下，这些植物不需要土壤就可生长；水下部分的景观以水生植物为主，放养热带小鱼，保证灵动的生态景观。为了保证景观的可持续性，增设植物生长灯、水循环系统及水净化系统。

1. 现场勘测

现场通风良好，湿度不高，有一定散射光，可以满足植物的基本生长；但对于彩叶植物而言，光照强度不够（图 5-64）。

图 5-64　现场情况

2. 方案设计

枯木、凤梨、兰花、蕨类、苔藓等热带雨林的典型元素化腐朽为神奇，诉说着千万年来在这里演绎的秘密。依靠大自然母亲的保护，年复一年，小树成长为参天大树；在大自然造化的力量下，千万精灵也要化作泥，争先恐后，心甘情愿护新生。看，不知名的朽木正孕育着无数美丽的生命，一起享受着阳光、雨露等自然的恩惠，一切都是那么宁静、和谐与美好（图5-65）。

图 5-65 方案意向

3. 施工组织

为加强管理、方便施工，确保工程质量和工期，对本项目实行项目经理负责制，并组织成立项目经理部。项目经理部是整个项目的生产指挥机构，负责与业主联系，接受业主监督，处理对外关系以及整个标段的总体生产计划安排、生产调度、材料供应以及协调施工中出现的问题，并负责工程款的分配与结算。

苔藓墙对于现场环境要求较高，建议在业主入驻前一周进行安装、铺设植被。

5.3.3　现场施工

1. 施工准备

（1）根据种植环境，选择健壮、根系发达、无病虫害的苗木以及沉木（图 5-66、图 5-67）。

根据主题，共选择植物 28 种，比如薜荔、鸟巢蕨、福建观音座莲、乌毛蕨、富贵蕨、狼尾蕨、二歧鹿角蕨、腋唇兰、刀叶石斛、芳香石豆兰、鼓槌石斛、猫眼石斛、蜻蜓石斛、拟蝶兰、令箭荷花、雷达凤梨、积水凤梨、大桧藓、白发藓、大灰藓、大羽藓等。

图 5-67　挑选木苗　　　　　　　　　　图 5-66　挑选沉木

（2）材料处理

沉木：摆放前 3~4 天加入 0.1% 的高锰酸钾水溶液进行消毒，喷施 500~800 倍的氧乐果进行杀虫。

水苔：种植前 1 天去杂、清水浸泡 4h，脱水后使用（图 5-68）。

植物：洗掉土壤，脱土，用水苔包裹（图 5-69、图 5-70）。

图 5-68　清洗水苔

图 5-69　清洗植物

图 5-70　清洗基质

2. 结构铺设

钢结构中主结构部分应多层次加固，与此连接的次结构应用角铁加固，做好支撑、防锈，与主结构连接的地基也应有保障，要能支撑整面植物墙。

采用铺贴式工艺，固定玻璃水池，然后在墙体上固定 1cm 微发泡 PVC 防水背板，铺贴种植毯（图 5-71）。

图 5-71　防水背板安装

3. 植物种植

主景营造：先构思主体沉木和主景的位置，再将膨胀螺栓打在主龙骨位置，将沉木固定，制造古朴的自然氛围（图 5-72、图 5-73）。

图 5-72　沉木

图 5-73　沉木固定

　　苔藓植物毯用 2cm 宽的气钉枪钉在墙面。

　　兰科、蕨类植物从纤维布表层开口植入，固定在木雕、浮雕或蛇木板上，再将蛇木板固定在墙上（图 5-74～图 5-76）。

图 5-74　植物种植（1）

图 5-75　植物种植（2）

图 5-76　植物种植（3）

4. 运维系统安装

（1）滴灌系统安装。将 PE 灌溉管包裹在两层纤维布之间，且纤维布向内侧包裹。在布置管线沿包边走线时，应注意管线外露的情况。

增设喷雾设备，向叶面喷水，喷头应为可伸缩式，喷头沿包边周围布置（图 5-77~图 5-79）。

排水口应加大且加设过滤塞，避免大量垃圾堵塞排水口，造成灌溉水外溢。

喷雾 3 次 / 天，滴灌 1 次 / 周。养护初期，增施翠筠牌 B1 营养液促进生根。

图 5-77 雾化喷头

图 5-78 雾化喷头安装

图 5-79 雾化喷头运行

（2）补光系统安装。本项目选用 35WLED 射灯，轨道铺设灯光须覆盖整面植物墙，植被初期对补光需求较高。铺设间距 0.8m/ 盏，距离墙面 1m（图 5-80）。

图 5-80　补光装置

5. 检查及调试

打开水源，向水箱中注水，确保水箱的水密性。检查供水系统，保证水泵扬程、水槽蓄水量满足要求，保证植物墙整体灌溉均匀。

植物墙周边环境应保持通风，避免闷根。

5.3.4　项目效果展示（图5-81~图5-83）

图 5-81　项目效果（1）

图 5-82　项目效果（2）

图 5-83　项目效果（3）

5.4
摆放型植物墙案例解析

5.4.1 项目简介

郑州新郑国际机场（以下简称新郑机场）是实现机场、高速公路、地铁、高铁等多种交通方式无缝衔接的综合交通换乘中心。新郑机场是中国八大区域性枢纽机场之一、中国四大货运机场之一。以新郑机场为核心的郑州航空经济综合试验区是中国唯一的国家级航空港经济综合试验区。

为了打造生态文明机场，2016年2月24日，河南健康岛环境技术股份有限公司（以下简称健康岛）与新郑机场就T2航站楼墙体绿化事项达成合作，双方针对此项目施工、管理与养护一体化进行了认真研究并制订了可行计划，从项目设计到施工完成共用时10天（图5-84）。

图 5-84 项目实景效果

● 项目名称：郑州新郑国际机场室内植物墙项目。

● 项目地点：郑州新郑国际机场 T2 航站楼。

● 项目基本信息：墙体面积 84m^2。

● 完成时间：2016 年 3 月 5 日。

5.4.2　方案阶段

1. 现场勘测

（1）勘测内容

1）现场植物墙的尺寸。

2）现场上下水情况。

3）电源。

4）墙面的结构。

5）光照的情况。

6）全年的温度情况。

7）施工的空间。

8）业主对施工的要求。

（2）现场情况

新郑机场植物墙项目包括尺寸相同的两个区域，位于 T2 航站楼出发大厅的南、北两侧，尺寸为长 7.4m、高 5.65m。根据现场勘测，下水可使用原有植物墙的下水装置，上水将原来的滴灌上水改为浇灌式上水。原植物墙拆除后墙面为不锈钢板面，可用于安装植物墙支撑架。现有光照能够达到植物墙的光照要求，植物墙环境温度常年基本保持恒定，可保证植物正常生长。因植物墙四周为玻璃墙面，施工中要注意保护（图 5-85、图 5-86）。

植物墙的高度为 5.65m，要注意高空作业安全。为保证文明施工，施工时需设置围挡，地面铺设地垫，及时清理施工垃圾。施工中涉及电工和电焊等，需准备动火证。因工期较紧，施工可 24h 进行。

图 5-85　现场情况（1）

图 5-86　现场情况（2）

2.方案设计

（1）施工工艺选择。根据现场勘测结果、业主的要求，以及本项目做的若干份乘客调查，选择钢龙骨搭配种植盒的施工工艺。

（2）植物墙设计理念。植物墙图案采用规则式与自然式相结合，以绿色作为最主要的背景色，选择不同种类、大小、颜色的植物来增加空间的生命力和韵律感，通过植物拼组，凸显河南省机场集团有限公司 LOGO，使整面植物墙空间丰富的同时更具生机和活力。

此次植物墙 LOGO 设计，选用花烛作为造型植物，与打底植物的颜色形成反差；选用黄叶绿萝作为烘托，通过"吉祥鸟"造型的设计，表现展翅高飞的寓意，在整体效果中起到画龙点睛的作用（图 5-87）。

图 5-87　设计效果图

（3）植物配置。本项目均选用株形优美、观赏价值高、空气净化效果好、杂质吸附能力强、容易种植、存活率高的植物，集空气净化、艺术价值、人文价值、商业价值于一体，起到舒缓心情、净化空气、减压降噪的效果（图 5-88、图 5-89）。

植物种类：鹅掌柴、绿萝、黄叶绿萝、花烛、袖珍椰子。

植物数量：共计 2031×2=4062 盆。

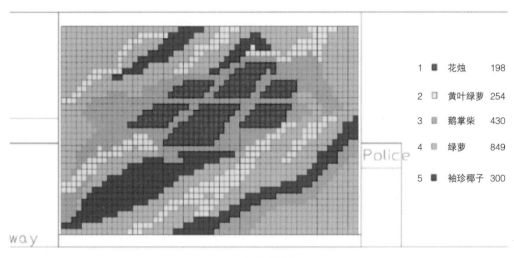

1	花烛	198
2	黄叶绿萝	254
3	鹅掌柴	430
4	绿萝	849
5	袖珍椰子	300

图 5-88　植物种植布置图

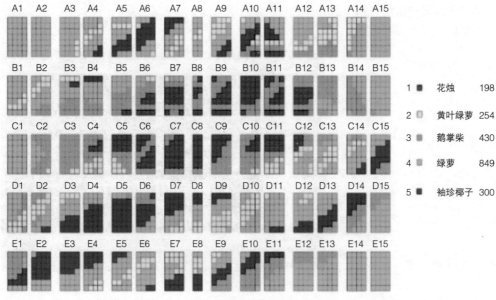

图 5-89　植物种植图

1 ■	花烛	198
2 □	黄叶绿萝	254
3 ■	鹅掌柴	430
4 □	绿萝	849
5 ■	袖珍椰子	300

（4）施工设计

1）龙骨固定设计。后龙骨是在原有植物墙拆除后，保留不锈钢板的基础上进行设计的。考虑施工完毕后整体植物墙承重问题，在龙骨固定时又采取多点锚固的方式进行加固（图 5-90）。

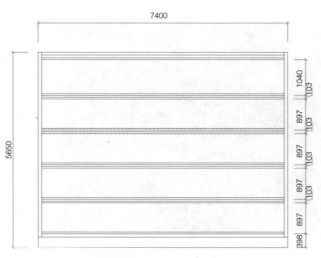

图 5-90　工程后龙骨图

2）背框采用模块式安装，分为 W500×H1000 和 W500×H1143 两种模式，固定在后龙骨框架上（图 5-91）。

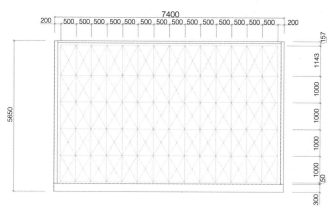

图 5-91 工程背筐图

3）上水设计。根据项目面积大小情况以及单位小时出水量，均衡情况设计两路上水，采用自动控制模式进行实时淋灌式浇灌。

下水设计。在原项目基础上用不锈钢水槽收集多余浇灌水，自然排放至下水管道（图 5-92）。

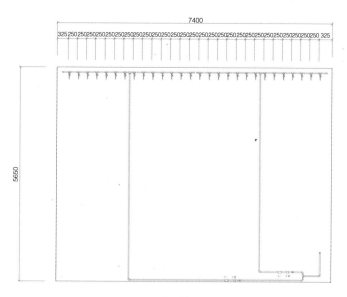

图 5-92 灌溉管线设计图

（5）施工组织

1）施工日期。自 2016 年 2 月 25 日 ~2016 年 3 月 5 日，共计 10 日。根据业主要求，施工周期比较紧张，同时还需要拆除原有植物墙，考虑 T2 航站楼部分航班已投入使用，为了保证安全文明施工，本项目搭设安全防护，便于操作。

与业主办理与施工相关的证件，例如：施工证、动火证、机场出入证。

2）施工内容

①拆除原有植物墙。

②安装龙骨。

③上水、下水安装。

④标准种植背筐安装。

⑤植物种植。

⑥设备调试、撤场、打扫卫生。

⑦验收。

3）施工流程示意图（图 5-93）

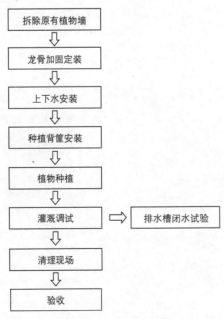

图 5-93　工程流程示意图

5.4.3　现场施工

1. 施工准备

（1）拆除旧料

拆除原有植物墙物料，确保正常施工（图 5-94、图 5-95）。

图 5-94　施工围挡　　　　　　　　　　图 5-95　拆除原有植物墙物料

（2）植物准备

1）根据施工图进行料单核算。

2）选择花房储备植物，按量进行提前杀菌管养（图 5-96）。

3）包装植物（图 5-97）。

4）放置固定区待用。

图 5-96　花房植物　　　　　　　　　　图 5-97　包装植物

5）装箱运输时，应错位装箱，避免折损植株及其叶片（图 5-98）。

（3）标准种植背筐安装准备

1）根据设计图样列出所需标准种植背筐数量。

2）安装标准种植背筐。

3）将安装完毕的标准种植背筐贴上标签，放置固定区域待用（图5-99）。

图5-98　装箱运输

图5-99　标准种植背筐准备

（4）物料准备（表5-3、表5-4）

表5-3　所需工具准备

编号	名称	编号	名称
1	剪刀	11	水平尺
2	壁纸刀	12	梯子
3	钳子	13	电箱
4	扳手	14	电钻
5	钢卷尺	15	热熔器
6	试电笔	16	角磨机
7	记号笔	17	电焊机
8	水准仪	18	平板车
9	脚手架	19	抹布
10	笤帚		

表 5-4　所需材料准备

编号	名称	编号	名称
1	透明胶带	12	自攻螺钉
2	生料带	13	螺钉
3	电工胶布	14	膨胀螺栓
4	电线	15	气管
5	插头	16	控制阀
6	角阀	17	过滤器
7	上水控制器	18	内丝三通
8	水泵	19	变径
9	PP–R 管	20	亮光剂
10	气动阀	21	时控器
11	软连接器		

2. 支撑体系安装

（1）确认进场时间后，将所需材料及工具准备齐全，合理安排好人员及车辆，施工人员着装需整洁、统一（图 5-100）。

图 5-100　标准化施工

（2）进场后竖立围挡，铺设地垫，保护地面。架设脚手架，高处装设必要的照明设备（图 5-101）。

（3）按照施工图，采用合理的安装方式，固定后背支架，确保安全稳固（图5-102）。

图 5-101　竖立围挡

图 5-102　固定后背支架

（4）后背支架完成后，安装上下水系统，安装完成后调试上水系统，看是否均匀。

（5）安装背筐单元（图5-103）。

（6）背筐安装完成后进行上水调节阀调试，让每一出水口水流大小均匀合理，使下部水槽的水基本保持一致。

（7）清理器材工具。将多余材料以及工具（需清点，不要有遗漏）分类收放整齐，将现场打扫干净，不要留下任何垃圾、废料。

图 5-103　安装背筐单元

3. 植物种植

（1）按图施工，每个背筐安放两盆植物。

（2）安装时，轻轻下压背筐齿状卡槽，将花钵完全卡在背筐内，同时应保证吸水条平放在蓄水槽内，能顺利吸水、导水。

（3）调整花钵方向，展现植物优美形态，避免后框露出（图5-104）。

（4）花钵整体安装完成后，结合实际情况，再次调整花钵位置及方向，同时应保证吸水条放入蓄水槽内。

图 5-104　调整花钵方向

4. 检查及调试

（1）后龙骨安装时，检查上下尺寸是否合格，要求偏差不能大于 0.5mm，水平方向在同一水平线上。

（2）上水安装完成要调试每个出水口水量大小，要求各出水口水量均匀，到底部的时间不能相差 30s 以上（图5-105、图5-106）。

图 5-105　灌水装置

图 5-106　灌溉方式

（3）背框安装完要检查是否牢固，水平方向和竖直方向倾斜度不能大于 5°，检查背筐中有无遗漏的螺钉，要求做到背框不能晃动，内部干净无杂物。

（4）背筐安装完成后检查是否有空隙，植物图案是否有不清晰的地方，要做到无明显空隙，不能看到后面的背筐（图5-107）。

图 5-107　背筐安装

5.4.4　后期维护

（1）定期检查海绵、基质是否缺水、干燥，定期上水。

（2）定期对水路、电路等进行检修。

（3）3~5个月消毒杀菌一次。

（4）更换下的植株应分类放置，对状态不佳的植株应分区养护（图5-108）。

图 5-108　修剪植物

5.4.5　项目效果展示（图5-109~图5-112）

图5-109　项目效果（1）

图5-110　项目效果（2）

图5-111　项目效果（3）

图5-112　项目效果（4）

中国建筑工程总公司技术中心生态空间实验室案例解析

5.5.1 项目简介

生态空间是一种先进的建筑设计理念，是指在城市核心区，在不影响建筑原有功能前提下，利用互联网＋立体绿化技术，打造的高环境品质、低建筑能耗的人居空间。生态空间充分利用墙体、屋面等空间，进行大量植物种植和智能化养护，同时对建筑微环境进行有效管理。

本项目位于中国建筑工程总公司技术中心西配楼二层阳光房（图 5-113、图 5-114），建筑面积 205m²。根据设计，将空间划分为健身休闲区、蔬菜栽培区、会客区。

● 项目名称：林河三期生态空间实验室项目。

● 项目地点：北京市顺义区林河大街 15 号中国建筑工程总公司技术中心。

● 完成时间：2016 年 3 月 10 日。

图 5-113　中国建筑工程总公司技术中心

图 5-114　项目位置

5.5.2　方案阶段

1. 现场勘测

将业主提供的图纸进行复核，对现场尺寸进行测量，现场建筑面积约为 205m²。

项目现场为原有建筑屋面，后改建为阳光房，荷载增加至 5.0kN/m²，原屋面若干 1.9m 高横梁无法拆除。

地面进行了防水处理，表面水泥砂浆抹灰，双侧有排水槽，水源在房间东侧。

现场电源较少，点位分散。

室内光照条件较好，且有中央空调，一年中室内平均温度在 20℃以上，冬季最低气温保证在 10℃以上（图 5-115）。

图 5-115　项目现状

2. 方案设计

本项目的目的是建造"生态空间"实验室，空间功能定位为健身休闲、讲座沙龙、蔬菜立体栽培、会客等。建成后将用于检测"生态空间"的环境影响以及建筑节能效果。设计要求满足"不改变建筑原有功能"这一前提，同时要对主流的立体绿化种植设施和控制方式进行展示，应用互联网智能控制系统，对空间环境参数进行检测、对相关设备进行控制。

（1）空间划分。本项目将整个空间划分为 3 个区域：健身休闲区、蔬菜栽培区、会客区（图 5-116）。

1）健身休闲区。因原室内层高限制，配置小型健身设备、小型浴室，并配备投影设备，可以进行小型的讲座沙龙活动。此区主要展现室内墙体绿化的不同种植容器，并且由互联网智能控制系统统一控制。节点点缀特色景观小品，打造充满趣味性的生态空间。

2）蔬菜栽培区。对不同的立体农业设施进行展示，并且农作物可以由公司员工进行认养，让员工更多地接触绿色，在工作之余可以体验收获的乐趣。

3）会客区。沿用整体设计风格，力求简约、典雅，营造被绿色环绕的感觉。

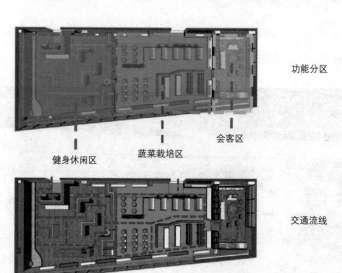

图 5-116　设计方案

(2) 项目模型及效果图展示（图 5-117~ 图 5-119）

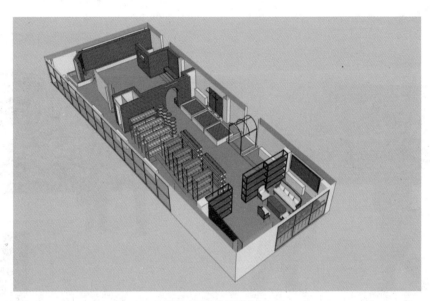

图 5-117　效果图（1）

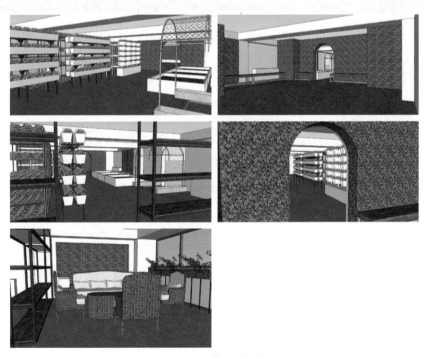

图 5-118　效果图（2）

图 5-119 效果图（3）

（3）施工工艺设计

1）支撑体系设计。主要区域的墙体绿化由墙面及钢架结构提供支撑，由于本项目在地面打孔可能破坏防水层，因此将功能分区隔断钢架结构与原屋面横梁连接（图5-120）。

现场植物墙墙面较多，在设计中将部分墙面的灌溉系统加以整合，减少水箱和灌溉设备数量，大部分墙面下方需要安装导水槽。西侧植物墙由于有跌水，循环水池水面较大，采用砌筑的方式。

本项目有墙体绿化技术展示的功能要求，因此选择了多种种植容器，包括 Consis VGS、福兆、百利、种植袋等形式。

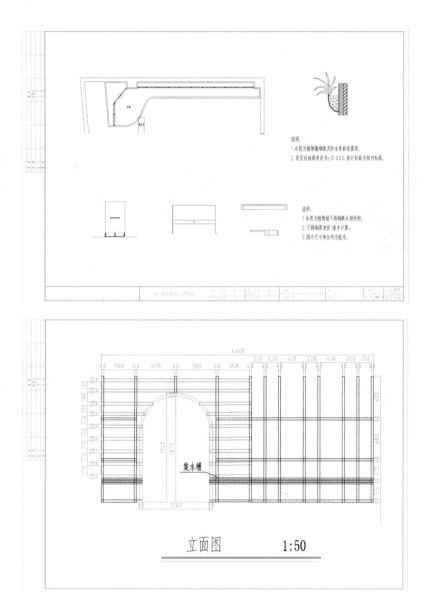

图 5-120　钢架布置图

2）植物配置。根据现场光照、温度等情况选用耐阴、耐旱、生存能力较强的植物。本项目采用如下植物：青藤、合果芋、白鹅芋、豆瓣绿、橡皮树、鸟巢蕨、春芋、袖珍椰子、鹅掌柴、绿萝、黄叶绿萝、千年木、波斯顿蕨、龟背竹、吊竹梅、金边吊兰等。

在植物布置设计时，需要配合不同的种植容器。在种植毯的植物布置中，主要选用了几何斜线的排布方式，这种排布方式简单大方，给人以规整的感觉（图 5-121~ 图 5-123）。而在种植盒等硬质容器的植物排布中，主要以自然式的排布方式，结合植物叶形、叶色、株形等，将植物搭配起来，整体造型丰富多样。

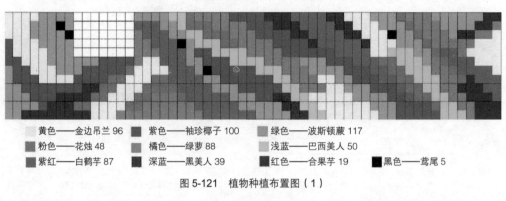

■ 黄色——金边吊兰 96　　■ 紫色——袖珍椰子 100　　■ 绿色——波斯顿蕨 117
■ 粉色——花烛 48　　　　　■ 橘色——绿萝 88　　　　　■ 浅蓝——巴西美人 50
■ 紫红——白鹤芋 87　　　　■ 深蓝——黑美人 39　　　　■ 红色——合果芋 19　　　　■ 黑色——鸢尾 5

图 5-121　植物种植布置图（1）

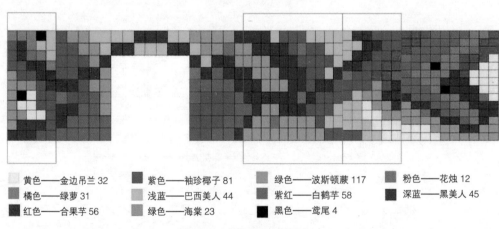

■ 黄色——金边吊兰 32　　■ 紫色——袖珍椰子 81　　■ 绿色——波斯顿蕨 117　　■ 粉色——花烛 12
■ 橘色——绿萝 31　　　　　■ 浅蓝——巴西美人 44　　■ 紫红——白鹤芋 58　　　　■ 深蓝——黑美人 45
■ 红色——合果芋 56　　　　■ 绿色——海棠 23　　　　　■ 黑色——鸢尾 4

图 5-122　植物种植布置图（2）

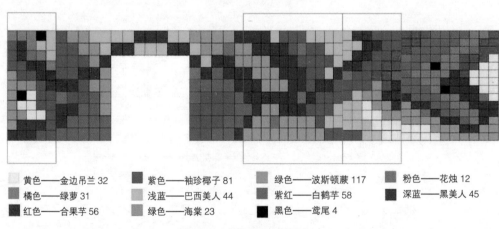

■ 黄色——金边吊兰 18　　■ 紫色——袖珍椰子 11　　■ 橘色——绿萝 59
■ 浅蓝——巴西美人 36　　■ 紫红——白鹤芋 30　　　■ 深蓝——黑美人 27
■ 红色——合果芋 5　　　　■ 深绿——海棠 7

图 5-123　植物种植布置图（3）

3）运维系统设计。本项目地点为阳光温室，温室内光照条件已经满足植物生长需要，所以不需要安装补光灯具。但会客区为彩钢板屋顶，需加设补光设施。

灌溉方式包括循环水灌溉系统和管网水灌溉系统。

运用互联网智能控制系统，对所有植物墙进行监控，采用全自动控制。

(4) 空气调节系统设计

生态空间不仅应用立体绿化技术进行大量植物种植，同时也应用了两项空气调节技术，用于改善生态空间空气质量、节约建筑能耗。

1）植物墙空气过滤技术。为业主方专利技术，即将新风或者室内循环空气引入植物墙体后方空腔，空气通过背板、种植毯、植物基质、植物根系的过滤后进入室内，有效降低室内空气污染物，调节室内空气湿度，增加负氧离子含量，从而提高室内空气质量；还可以加快室内空气微循环，提高植物根部的空气流动，提高植物墙的空气净化能力（图 5-124）。

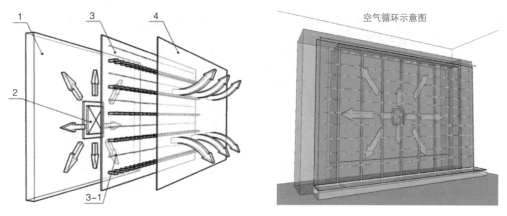

图 5-124　植物墙空气过滤技术
1- 支撑墙体　2- 风机　3- 支撑背板　4- 种植袋

2）生态空间新风替代技术。众所周知，植物通过光合作用吸收二氧化碳，释放氧气。由于大量植物存在，生态空间可以吸纳一定量的二氧化碳，释放氧气。生态空间新风替代技术可以打造建筑物内的"绿肺"，用交换风机将生态空间、办公空间以及室外空间互联（图 5-125）。

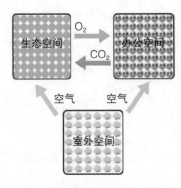

图 5-125　生态空间新风替代技术

　　建筑环境参数被智能控制系统实时监测，当办公空间二氧化碳浓度超过 1000ppm 时，启动风机换气；当二氧化碳浓度降至 1000ppm 以内时，关闭风机；当生态空间无法满足办公空间氧气需要时，再引入新风（图 5-126）。

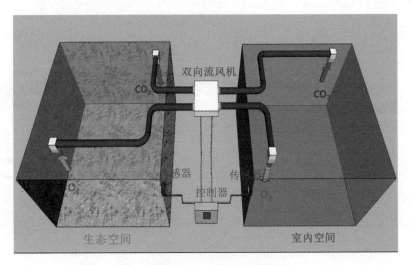

图 5-126　空气交换示意图

　　生态空间可以部分替代新风系统，降低建筑换气率，起到节约建筑能耗的作用。

3. 施工组织

　　对本项目进行施工组织，编制施工进度计划、隐蔽工程阶段施工管理、安全文明施工规范、质量检查标准等（图 5-127）。

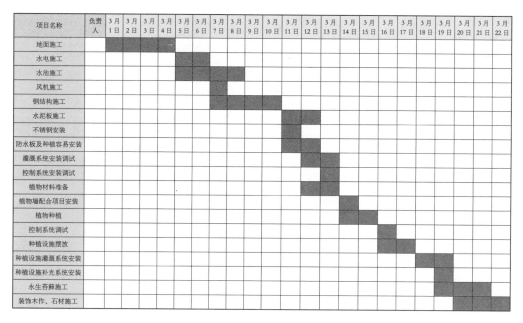

图 5-127　施工组织

5.5.3　现场施工

1. 施工准备

（1）现场改造。因现场原有水电不能满足施工需要，加设水源点位和电源点位。现场不具备管线隐藏条件，经与业主沟通，所有管线明装走管，尽量利用横梁做到隐蔽。

因现场为加建部分，层高较低，地面处理要求不得回填过高，地面打磨抛光，做水性涂料封闭处理。

（2）材料及工具准备。根据图纸，核算材料清单，对植物材料、施工用的工具、材料和设备，进行准备。

植物材料根据种植容器的不同，需要准备不同盆径的植物。种植袋式植物墙植物材料的准备，需将植物去盆，栽植到基质包中，并加入调配好的营养土。

其他材料、工具和设备的准备，包括水电改造、地面处理、钢结构安装、水池、不锈钢水箱、不锈钢水槽、灌溉系统、防水板、种植容器、控制器、边角收口和装饰材料等材料的准备，及相应工具、设备的准备。其中不锈钢材料需由加工厂提前加工。

（3）其他准备。经图纸会审、设计交底及现场复核，确认无误后，将图纸整理提报业主留档。确定进场时间，提前办理好出入证、施工证、动火证等相关许可证。

根据施工进度计划，确定材料、人员进场时间，安排相关施工人员及车辆。

2. 施工过程

进场施工阶段，全程监督安全文明施工情况、施工质量把控、隐蔽工程检查和人员、材料、车辆的管理。配合业主进行隐蔽工程验收和消防验收。在过程中发现的安全及质量问题应及时整改。

（1）通风设备安装

确定开孔位置，安装出风口：在墙面开 $\phi20cm$ 的孔，穿过风机管（因工程为后建，无法做隐蔽工程，经业主许可，风机管线明装于室内），安装出风口、进风口。缝隙用发泡胶填实。

要求：进、出风口安装牢固，发泡胶填充密实，不透风。检查设备是否正常工作（图 5-128）。

图 5-128　单、双向风机

（2）支撑体系施工

1）西侧墙面循环水池砌筑。做法：依据设计图，放线、砌砖、安装泄水口，涂抹砂浆，并涂刷防水涂料（墙面一侧防水涂料涂刷高度应高于水池 50cm），做防水实验，再次挂网涂抹砂浆，涂刷真石漆（图 5-129）。

要求：水池严格按照放线施工，并在防水涂料彻底凝固后做防水实验（水池注满水稳态 2 小时，水位无下降即为合格），确保水池不漏水。

图 5-129　水池砌筑

2）钢结构安装、钢结构龙骨焊接、安装。按照施工图纸焊接镀锌钢管（依据 PVC 防水板尺寸设计），将镀锌钢管与墙面或横梁用膨胀螺栓连接固定。安装完毕后检查焊点是否密实，做二次喷漆防锈处理，整体结构稳固、不晃动（图 5-130、图 5-131）。

图 5-130　钢结构安装

图 5-131　钢结构龙骨安装

3）导水槽及水池安装。现场植物墙墙面较多，在设计中将部分墙面的灌溉系统加以整合，减少水箱和灌溉设备数量，大部分墙面下方需要安装导水槽，将灌溉水导入一端安置的循环水池中。

　　将加工好的导水槽与钢结构焊接固定，因家具摆放，导水槽底边需要距离地面30cm，连接、转弯处满焊处理，焊接部位、与水箱连接处做防水处理。

　　要求：安装稳定、不晃动，导水槽与地面水平。固定完毕后清理水槽并试水验漏（图5-132）。

图5-132　导水槽及水池安装

　　4）背板安装（健身休闲区西侧墙面）。本项目应用了多种墙体绿化种植容器，种植袋、"福兆""百利"三种容器均采用20mm微发泡PVC防水背板，固定于钢架或墙体上，Consis VGM等容器需要在钢结构上固定扁钢，用于容器悬挂（图5-133~ 图5-135）。

图5-133　容器安装（1）

图 5-134 容器安装（2）

图 5-135 全景图

根据植物墙空气过滤技术的要求，西侧植物墙防水背板需打孔。

做法：将背板画出 4cm×4cm 的小格，在线与线的交叉点上，用 8mm 钻倾斜 45°角打孔，防止灌溉水流至背板后（图 5-136、图 5-137）。

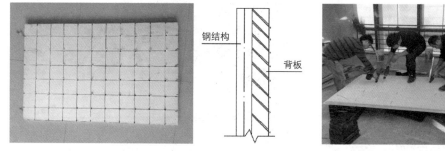

图 5-136 背板打孔（1）   图 5-137 背板打孔（2）

（3）运维系统安装

控制器的选择包括了"立体绿化管家"、时控开关、干电池型控制器等多种产品和形式。

生态空间空气调节系统的控制采用业主方自行研发的控制设备，实时监测环境参数，根据二氧化碳浓度控制风机开关（图 5-138）。

（4）植物种植（图 5-139、图 5-140）

图 5-138　控制设备

图 5-139　植物种植（1）

图 5-140　植物种植（2）

5.5.4　项目效果展示（图 5-141~ 图 5-148）

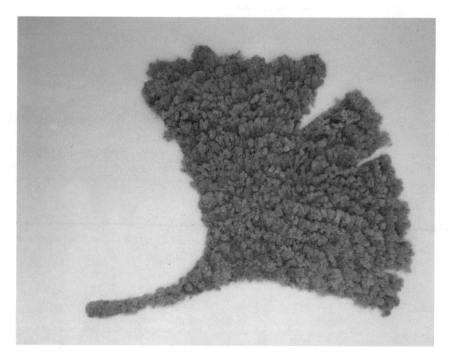

图 5-141　永生苔藓"银杏叶"

图 5-142　健身休闲区

图 5-143　讲座沙龙活动

图 5-144　效果展示（1）

图 5-145　效果展示（2）

图 5-146　效果展示（3）

图 5-147　效果展示（4）

图 5-148 会客区

5.6
异形植物墙案例解析

5.6.1 项目简介

变幻的曲线、跳动的色彩、绿色的生命乐章。用一条条延伸出墙面、高低错落、长短不一的多彩线条，把平淡的室内空间装点为一场色彩的盛宴。本项目设计师为著名室内装饰设计师王雪涛，由中国建筑工程总公司技术中心立体绿化研发团队进行深化设计并施工（图 5-149）。

图 5-149 项目效果

● 项目名称：都会华庭阳光房植物瀑布。

● 项目地点：北京市朝阳区都会华庭小区。

● 完成时间：2016 年 2 月。

● 项目基本信息：位于屋顶阳光房，植物墙面积共 55m^2。

5.6.2　方案阶段

1. 现场勘测

经现场勘测，本项目绿化面积共 55m^2，为屋顶阳光房，具备恒温中央空调系统，光线较充足，有遮阳，能够保证植物正常生长温度及光照。

水源为 DN20 管径的市政自来水，位于植物墙一端的顶部位置，灌溉系统供电存在困难，灌溉水可直排，地面已做找坡处理。

2. 方案设计（图 5-150 ）

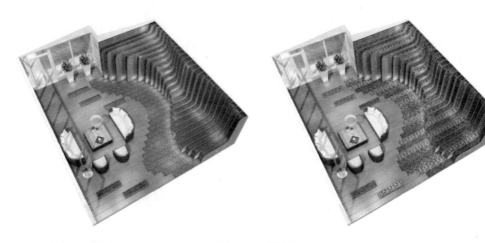

图 5-150　设计图

（1）支撑体系的选择。根据初始方案，植物列高矮长短不一，很难应用常规手段进行支撑，因此最终选择了不锈钢框架结构 +120mm 盆栽圆孔的支撑体系。不锈钢架及开孔板条均为 304 不锈钢，后期做接缝腻子抹平、表面贴饰处理。

（2）运维体系设计。本项目为阳光房，光照充足，因此不需要补光装置，其遮阳

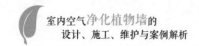

装置为自动开闭，因此也不需要人工控制。

由于现场情况受限，灌溉系统供电存在困难，同时供水水源管径较小（DN20），因此设计采用一根 PP-R 管作为主管、6 条 PE 管支路的灌溉结构。每条支路选用干电池蓝牙时控电磁阀，每条支路连接 600 个 2L/h 的稳压滴头，分时开启。为保险起见，每盆植物中插两根滴箭进行灌溉（图 5-151、图 5-152）。

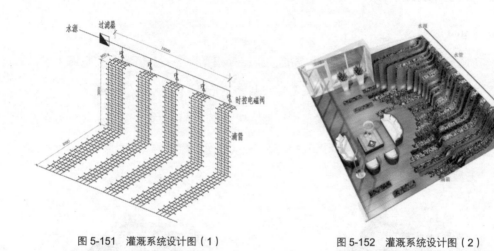

图 5-151　灌溉系统设计图（1）　　　　　　图 5-152　灌溉系统设计图（2）

为了实现室内空气微循环，在不锈钢框架内安装涡轮风扇，定时运行，促进植物根部的空气流动，帮助植物更多地接触空气，从而更好地实现空气净化的作用。

本项目还应用了"立体绿化管家"控制装置，实时监测室内空气质量。最关键的是监测土壤湿度，因为通过土壤湿度可以判断是否需要更换干电池。

（3）效果图（图 5-153）

（4）植物配置。根据项目效果图以及现场情况，本项目选择的植物为：吸毒草、网纹草、冷水花、紫罗兰、波斯顿蕨、白鹤芋、黄叶绿萝、花烛、蟆叶秋海

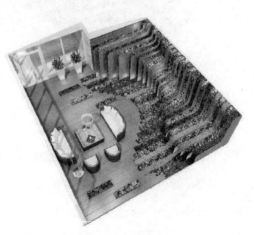

图 5-153　效果图

棠、粉掌等。

（5）钢架方案图（图 5-154）

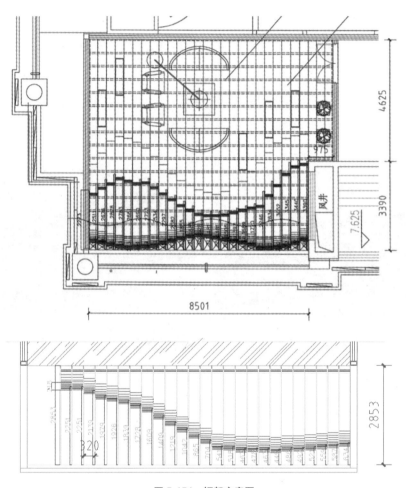

图 5-154　钢架方案图

3. 施工组织

在进场施工之前需要确定进场时间，提前办理施工证和动火证，安排好施工人员及运输车辆，做好施工组织。

本项目预期工期为 10 天，现场施工主要为灌溉系统安装、植物种植、智能控制设备安装等。

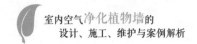

5.6.3 现场施工

1. 施工准备

根据植物种植布置图采购植物，植物盆径以 140~150mm 为宜。根据灌溉系统设计图准备过滤器、时控电磁阀、稳压滴头、1 出 4 接头、毛管、滴箭及其他相关配件。

2. 支撑体系施工

按照图纸施工，保证钢架焊点牢固，间距统一，表面覆膜平整（图 5-155、图 5-156）。

图 5-155　钢架施工（1）　　　　　图 5-156　钢架施工（2）

3. 运维系统施工

灌溉系统的搭建，选用 Galcon6 分蓝牙电池型电磁阀分别作为 6 组灌溉水路开关控制端（图 5-157），每个阀门接 4 根 16mmPE 灌溉管，管上布置 Netfim8L/h 稳压滴头，后接 1 出 4 分接头分别连接滴箭，注意做好劳动保护措施。主供水管搭设需保证 PPR 热熔牢固，1 出 4 接口与稳压滴头连接一定要紧密，防止漏水，确保每盆植物预留孔均布置两根滴箭。由于盆底不存水，阳光房光照较好，灌溉频率设定为每周 3 次，每次 20 分钟（图 5-158~ 图 5-160）。

空气循环涡轮风机置于不锈钢框架内，由时控开关控制，每天工作 10 小时（图 5-161）。

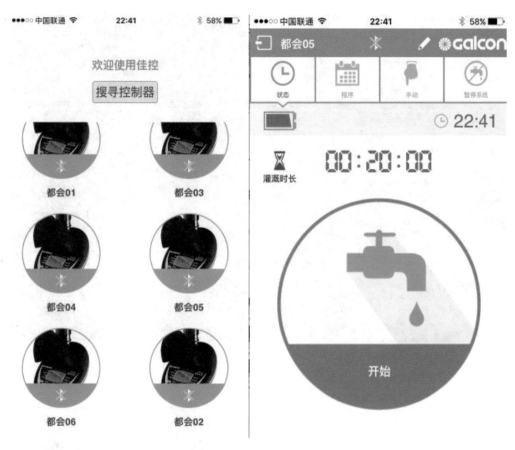

图 5-157 蓝牙电池型电磁阀控制界面

图 5-158 水源位置

图 5-159 灌溉系统制作（1）

图 5-160　灌溉系统制作（2）

图 5-161　涡轮风机

4. 植物种植

按照效果图及植物种植布置图进行植物的摆放种植，所购 140~150mm 盆经植物无须拆盆，可直接放置于 120mm 口径不锈钢孔内，尤其注意立面处植物摆放时应倾斜向上约 45°。每盆植物安插两支滴箭进行灌溉，以免灌溉水未经基质直接外流（图 5-162）。

图 5-162　植物种植

5. 检查及调试

清理杂物和垃圾。

分别打开各电磁阀，观察灌溉是否均匀、有无漏水情况，整个植物墙所有植物基质须全部浸湿（如果发现有灌溉不到的位置，应检查滴箭是否安装不当或遗漏）。

5.6.4　项目效果展示（图 5-163~ 图 5-165）

图 5-163　效果展示（1）

图 5-164　效果展示（2）

图 5-165　效果展示（3）

第6章
室内空气净化植物墙
的维护

6.1
维护的必要性

　　植物墙三分靠设计，三分靠施工，四分靠维护，可见植物墙维护的必要性。维护工作的好坏是确保工程质量、成本要求的关键。在建筑墙体绿化中，植物虽然以建筑装饰材料的形式出现，但它们是有生命的，需要悉心照料和维护，"光、温、水、气、氧"缺一不可，忽略任何一个因素，对植物墙都将是致命的（图6-1、图6-2）。

图6-1　维护较差的植物墙（1）

图 6-2　维护较差的植物墙（2）

6.2
维护的流程及注意事项

6.2.1　电话沟通

在进场维护之前，需与业主进行电话预约，根据所描述的现场情况及现场照片准备所需工具以及维护材料。必要时还需办理相关施工证件。

6.2.2　材料准备

根据前期沟通，初步判断植物墙状态以及存在问题的可能原因，准备相关工具及植物材料。常用工具材料包括：伸缩梯、修枝剪、捞网、螺丝刀、垃圾袋、干电池、水位阀、清洁工具、维护记录单等。

6.2.3　现场维护

1. 现状检查

进场维护时，首先进行现状检查，包括植物的生长情况，植物是否有病虫害，补光、灌溉、通风设备运行是否正常，干电池型设备是否电量充足。另外还需检查水箱水位是否正常，地面是否有积水，环境温度是否合适等。

2. 植物修剪、更换及整体调整

无论室内还是室外植物墙，植物修剪都扮演着重要的角色。然而修剪在植物墙维护中常常被忽视或操作不正确，适度与适时修剪，可以塑造植物墙优美的形态，同时可以防止上层植物生长过快导致对下层植物光线的遮挡（图6-3）。

图 6-3　植物修剪

修剪的方式及方法主要基于植物自身的特点，包括疏枝、缩剪、塑形等。首先对遮挡其他植物光线的多余枝叶进行修剪，其次是黄叶以及发育不良的枝叶，最后是过大、过重的枝叶。

修剪后将植物墙上已死亡或者影响美观的植物及时更换，之后对整面植物墙再次进行检查，保证植物墙的美观性。

3. 施肥、杀菌、除虫

（1）施肥

建议每 2~3 个月对植物进行一次施肥，有以下几种方式：

1）直接向循环水箱中添加液态肥。

2）向植物叶面上喷洒叶面肥。

3）在种植基质中混入固态缓释肥颗粒，可以作为简便施肥的方法。

4）使用施肥器，一般使用文丘里施肥器或者等比例施肥泵，注意要按说明书使用施肥器。

（2）杀菌

植物墙的病害一般和通风差及紫外线不足有关，通常的杀菌方式为在水中添加多菌灵，或者在轨道上安装紫外线射灯对植物墙进行照射。而日常加强通风以及加强光照对保证植物墙的植物健康有着更重要的意义。

（3）除虫

相对于室外，室内植物墙较少受到虫害。但由于湿度大、通风差等原因，仍然有可能产生虫害，杜绝虫害应该从"防"和"治"两方面入手。

首先防止虫源的进入，比如种植基质避免使用可能含有虫卵的田园土，门窗敞开时需要安装纱窗，避免采购有虫害的植物等。同时可以种植一些薄荷等有驱虫气味的植物，起到提前预防的作用。

一旦产生虫害，需要尽早有针对性地实施杀虫，可以使用生物杀虫剂或者低毒害的农药对植物叶面及根部进行喷施，严重时需要更换植物。

4. 设备维护

（1）循环水池的清捞。植物的生长都存在新陈代谢，因此掉落的叶片以及维护过程产生的泥渣都有可能堵塞水泵或者下水口，对集水槽的定期清理是非常重要的环节。

（2）清洗过滤器。维护过程中需要将过滤器进行清洗，保证过滤器中的叠片没有杂质（图6-4）。清洗后务必确保过滤器内部充满水，并保证过滤器平放或朝下放置，以免进入空气导致水流不畅。

图6-4　叠片式过滤器

（3）补光设施维护。室内植物墙维护时要检查补光灯的工作状态，如果有问题，应及时更换。如果补光位置有偏差，需及时对补光角度进行调整。

（4）灌溉系统调试确认。在每次维护完成后，需进行一次灌溉设备的开启，以确定灌溉设备是否可以正常工作，植物是否都能被均匀灌溉，是否有漏水现象，还有一个目的就是使新更换的植物完全浸湿。

5. 维护登记

维护工作结束后，对照《植物墙维护记录》（附录B），逐一检查各项工作是否完成，最后由业主签字确认。

6.3
维护的常见问题

6.3.1　漏水

漏水的可能原因如下：

1. 水箱漏水

解决方式：找到具体漏水点，重新满焊或在漏水处用密封胶进行密封。

2. 叶片滴水

解决方式：将滴水部位植物叶片进行修剪，并调整植物位置。

3. 密封胶老化

解决方式：去除残余密封胶，采用专用密封胶重新密封。

4. 灌溉水流过大

解决方式：灌溉管线增加等径球阀，调节开闭程度，降低灌溉水流流量。

6.3.2　循环水箱水位过高或过低

1. 循环水箱水位过高

可能原因：水位平衡阀损坏、连接管件漏水。

解决方式：维修、更换水位平衡阀、修复管件漏水点。

2. 循环水箱水位过低

可能原因：水源无水、水位平衡阀堵塞。

解决方式：检查修复水源、清理水位平衡阀隔离网。

6.3.3　局部或大面积植物干枯、黄叶

局部或大面积植物干枯、黄叶的可能原因如下：

1. 滴箭堵塞

解决方式：确保进水端安装过滤器，以免杂质进入灌溉管堵塞滴头；使用不透光的灌溉水管，以免产生藻类堵塞滴头；如堵塞原因是因为水质含矿物质较多，沉积所致，需要更换滴头，或者软化灌溉水。

2. 种植袋未贴实墙面

解决方式：减小基质包中基质体积，用钉枪或者 2cm 螺钉将种植袋重新固定。

3. 灌溉水压不足

解决方式：检查水源通路各个阀门，确保水源水压；清洁循环水箱、检查、清洗过滤器，保证滤芯朝下或平行放置。

4. 控制器不能正常工作

解决方式：更换控制器电池，重新设定灌溉时间，现场重新调试保证正常灌溉。

5. 水泵损坏或扬程不足

解决方式：更换合格水泵。

6. 灌溉频率过低、时间过短

解决方式：单次灌溉时间的确定应以墙体所有植物均被充分灌溉为准，灌溉频率应根据所在场所温度、光照度、通风状况而定，切不可在基质干透后再进行下一次灌溉。

7. 细菌污染

解决方式：对污染部位及水循环系统进行局部杀菌处理。

6.3.4　常见病虫害

1. 常见病害

白粉病：白粉病经常发生在通风不良而温度较高的地方，植物患有白粉病时叶片

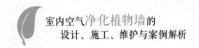
会先出现黄点，并附着一层白粉状物。如果严重的话，会引起植物枝叶枯萎，甚至造成死亡（图 6-5）。

图 6-5　白粉病

叶斑病：叶斑病分为黑斑病、褐斑病等类型，患病植物的叶片上会出现黑色或褐色的圆形或不规则形病斑及轮纹斑。它是由真菌引起的，会影响植物观赏性（图 6-6）。

图 6-6　叶斑病

2. 常见虫害

蚜虫病：患有蚜虫病的植物叶片会卷曲、枯黄、生长缓慢甚至死亡，而且蚜虫排出的蜜露还可诱发煤污病，影响植物的光合作用（图 6-7）。

图 6-7　蚜虫病

　　叶螨病：叶螨病一般发生在温度较高的地方，叶螨通过吸食植物叶背的汁液生存。有的叶螨还有结网习性，使植物叶片出现黄色斑点，严重时会引起枝叶枯黄、脱落（图 6-8）。

图 6-8　叶螨病

　　白粉虱病：白粉虱病在温室或居室中比较常见，白粉虱通过吸食植物的汁液生存，严重时会引起植物叶片枯死。成虫的排泄物还会引起煤污病，危害较大（图 6-9）。

图 6-9　白粉虱病

介壳虫病：介壳虫病会使植物生长缓慢，枝叶枯黄，严重时甚至死亡，它们的排泄物还会引起煤污病（图 6-10）。

图 6-10　介壳虫病

附录 A　项目调查表

日期：

项目信息	项目名称						
	地址				预完成日期		
	联系人		电话		职务		
	合约方						
环境	光照	是否有阳光直射（　　）					
	温度	是否可保证温度不低于10℃（　　）					
	空气流动性	差（　　）　中（　　）　良（　　）					
现场情况	有□ 无□ 水源　管径（　　）			有□ 无□ 排水　下水口直径（　　）			
	有□ 无□ 电源			有□ 无□ 控制箱位置			
	墙体材质			自建□ 空心砖□ 水泥□ 轻钢龙骨□ 钢架□			
	照明装置安装方式			实体房顶□ 吊顶□ 两侧□ 墙体顶部（支撑杆）			

墙体尺寸及相关说明（注意窗口、洞口尺寸及其他要求）

项目负责人		测评人	

附录 B　植物墙维护记录

项目名称	1	2	3	4	5
地面保护					
黄叶、过长叶片的修剪，更换死亡植物					
更换植物数量					
病虫害植物防治					
施肥					
清理掉落的枝叶，清洁水中杂质，清洁现场					
清洗过滤器滤芯（1~2个月），过滤器平放或朝下放置					
检查电源、水源、光源是否正常（维护结束前分别进行开关测试）					
测试时如向外滴水，进行处理，保证水不外流					

甲方确认：1.＿＿＿＿＿＿＿　　2.＿＿＿＿＿＿＿

　　　　　3.＿＿＿＿＿＿＿　　4.＿＿＿＿＿＿＿

　　　　　5.＿＿＿＿＿＿＿　　　　　　维护时间：

参考文献

[1] 江素霞，张泽彤. 生态建筑节能系统研究 [J]. 建筑电气，2014(5)：32-37.

[2] 叶子易，胡永红. 2010 年世博主题馆植物墙的设计和核心技术 [J]. 中国园林，2012，28(2)：76-79.

[3] 王珂. 室内植物墙空气净化效果的研究 [J]. 风景园林，2014(5)：107-109.

[4] 王仙民. 上海世博立体绿化 [M]. 武汉：华中科技大学出版社，2011.

[5] 李光耀. 生态型室内设计的探讨 [D]. 长沙：中南林业科技大学，2001.

[6] 王仙民. 屋顶绿化 [M]. 武汉：华中科技大学出版社，2007.

[7] 李斌，代色平，骆丽雯. 新加坡"空中绿化"的实践与成效 [J]. 广东园林，2011，33(4)：74-78.

[8] 韩丽莉. 北京城市立体绿化现状及技术对策 [J]. 北京园林，2002，18(3)：16-22.

[9] 叶茂宗. 城市生态与立体绿化 [M]. 北京：中国林业出版社，2003.

[10] 张宝鑫. 城市立体绿化 [M]. 北京：中国林业出版社，2004.

[11] 申彩霞，王晋新. 开拓绿色空间的新途径 [J]. 国土绿化，2002(10)：18.

[12] 尼克·诺森，夏克林·克洛特，于志远，等. 世博公园 2010 年上海世博会的"绿色城市"实践 [J]. 风景园林，2010 (02)：47-49.

[13] 古润泽. 北京城市居住绿地的滞尘效益 [J]. 北京林业大学学报，1997，19(4)：12-17.